U0158098

南水北调泵站
基础知识

NANSHUIBEIDIAO BENGZHAN
JICHU ZHISHI

南水北调东线江苏水源有限责任公司　编著

河海大学出版社
HOHAI UNIVERSITY PRESS
·南京·

图书在版编目(CIP)数据

南水北调泵站基础知识 / 南水北调东线江苏水源有
限责任公司编著. -- 南京：河海大学出版社，2021.4
南水北调泵站工程技术培训教材
ISBN 978-7-5630-6894-4

Ⅰ.①南… Ⅱ.①南… Ⅲ.①南水北调—水利工程—
泵站—技术培训—教材 Ⅳ.①TV675

中国版本图书馆 CIP 数据核字(2021)第 049750 号

书　　名	南水北调泵站基础知识	
书　　号	ISBN 978-7-5630-6894-4	
责任编辑	金　怡	
责任校对	张心怡	
装帧设计	徐娟娟	
出版发行	河海大学出版社	
地　　址	南京市西康路 1 号(邮编:210098)	
电　　话	(025)83737852(总编室)　(025)83722833(营销部)	
经　　销	江苏省新华发行集团有限公司	
排　　版	南京布克文化发展有限公司	
印　　刷	江苏凤凰数码印务有限公司	
开　　本	787 毫米×1092 毫米　1/16	
印　　张	12.25	
字　　数	285 千字	
版　　次	2021 年 4 月第 1 版	
印　　次	2021 年 4 月第 1 次印刷	
定　　价	76.00 元	

《南水北调泵站工程技术培训教材》编委会

主 任 委 员：荣迎春

副主任委员：袁连冲　刘　军　袁建平　李松柏

　　　　　　吴学春　徐向红　缪国斌　侯　勇

编 委 委 员：韩仕宾　鲍学高　吴大俊　沈昌荣

　　　　　　王亦斌　沈宏平　雍成林　李彦军

　　　　　　黄卫东　沈朝晖　张永耀　周昌明

　　　　　　宣守涛　莫兆祥

《南水北调泵站基础知识》编写组

主　　编：袁连冲

执行主编：刘　军

副 主 编：李松柏　吴大俊　袁建平　雍成林

　　　　　施　伟

编写人员：张金凤　骆　寅　邱　宁　付燕霞

　　　　　林建时　蒋兆庆　林　亮　杨登俊

　　　　　沈广彪　江　敏　王从友　李亚林

　　　　　张　帆　孙　涛　乔凤权　孙　毅

　　　　　张鹏昌　范雪梅　刘　尚　刘佳佳

　　　　　辛　欣　严再丽　曹　虹　潘月乔

目 录
CONTENTS

第一章　机械基础

机械都是由各种各样的零件组成的。这些零件的作用各不相同：有的起着连接零件的作用；有的起着传递动力和运动的作用；有的起着支撑回转轴的作用等。具有这些功能的零件，称之为机械零件。大多数功能类似的零件，都已实现了标准化，设计者在设计中也会尽量多地采用标准零件。

第一节　常用机械零件种类和用途

一、基本概念

机器：是由多个大小不同、形状各异的零件有序组成的，为便于加工和装配，把构件设计成一个或多个零件的组合体，而把运动副设计成固定配对的单元。由于零件种类多，差别大，其组成、分类和名称在机械工程领域目前还没有固定通用的约定术语，如零件、元件和部件等术语没有严格定义，在不同场合下三者常混用，为了便于对机器整机组成进行有序叙述，本书在此做如下定义。

零件：是机器中基本的组成元素，也是最小的单个制造实体。零件也可分为标准件、通用件和专用件。通常把各种机器中经常使用而又标准化、专业化生产的零件称为标准件，如螺栓、螺母、垫圈、密封圈等；虽然在各种机器中经常使用，但没有系列化、专业化生产的零件称为通用件，如轴、齿轮、箱体等；而仅仅在企业内部为所设计的机器使用的零件为专用件。

组件：指在机器中属于一个运动实体并由若干个零件静态固定连接而成的组合体。为了便于制造并考虑经济性，将其设计成多个零件静态固定连接的组合体，对应于机构中的构件。

单元：指实现某一相对运动功能的若干个零件配对的组合体，如滚动轴承、滑动轴承、滚珠丝杠、滚动导轨、机床主轴单元等。为了提高性能并降低成本，单元往往采用专业化生产，称为标准单元或功能单元，供设计时选用。单元的零件称为元件。

部件：指能够独立实现运动、动力的变换与功能传递，由若干零件、组件和单元组成并能独立安装的组合体，如电动机、联轴器、离合器、齿轮减速器等，其内部的零件有相对运动。部件主要有三大类：驱动部件、传动部件、执行部件。

机械子系统：指能够实现机器中一个独立功能分支的若干个部件组合体，如机械主运动、辅助运动等。机械子系统的大小和复杂程度取决于机器整机的规模和设计者的划分,简单的子系统可以是电动机驱动一个执行构件,复杂的可以是一条生产线。在本书中机械子系统主要指机器的机械主运动或机械辅助运动部分,一般包括从驱动到执行的内容。

一般而言,机器整机是具有运动和转化功能的多子系统组合体,但机器的含义也很宽泛,大到包含多个复杂子系统,小到仅包括两个简单子系统,如电动机驱动执行构件的机械子系统和驱动控制子系统,某些场合下也可把一个机械子系统称为机器。

二、机器的组成

一台完整的机器通常由以下4部分组成(图1-1)。

(1)动力部分:是机器能量的来源,它将各种能量转变为机器能(又称机械能)。

(2)工作部分:直接实现机器特定功能、完成生产任务的部分。

(3)传动部分:按工作要求将动力部分的运动和动力传递、转换或分配给工作部分的中间装置。

(4)控制部分:是控制机器起动、停车和变更运动参数的部分。

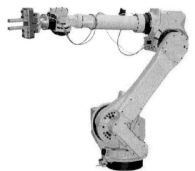

图1-1 常见机器

三、常用零部件

(一)轴

轴与安装并固定其上的零件(如齿轮、带轮等)构成一个构件并传递运动和动力;轴与轴承构成转动副,与机架相连时具有支承作用。因此,轴的主要功用是支承零件且使其保持确定的位置、传递运动和动力。它是组成机器的主要通用零件之一。

轴根据承载情况分为转轴、心轴、传动轴3类。

(1)转轴同时承受弯矩和转矩,既支承零件又传递动力,是机器中最常见的轴,如减速器中的轴。

(2)心轴只承受弯矩,主要用于支承零件。心轴根据其是否回转分为转动心轴和固定心轴。转动心轴如铁路车辆轴,轴与车轮固定在一起,行车时随车轮一同回转;固定心轴如支承滑轮轴,滑轮活套在轴上。

（3）传动轴只传递转矩而不承受弯矩，即只传递运动，如汽车驱动轴。

轴根据其几何轴线形状分为直轴、曲轴和软轴。

直轴根据其结构形状分为光轴和阶梯轴，或实心轴和空心轴。光轴主要用于心轴和传动轴，阶梯轴常用于转轴。光轴形状简单，易加工，应力集中源少，但轴上零件不易定位；阶梯轴则反之。曲轴，可见于发动机中曲柄滑块机构中的曲柄。软轴可传递运动和较小的动力，一般无支承作用。它由多组钢丝分层绕制而成，能在空间受限的场合传递回转运动。如用于两轴不共线或工作时有相对运动的空间传动。

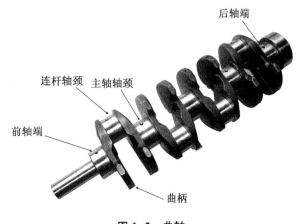

图 1-2　曲轴

（二）轴承

轴承是机械设备中一种重要零部件。它的主要功能是支撑机械旋转体，降低其运动过程中的摩擦系数，并保证其回转精度。轴承根据工作摩擦性质，可分为滑动摩擦轴承和滚动摩擦轴承。根据承受载荷的方向，分为向心滑动轴承、推力滑动轴承和向心推力轴承三大类。

1. 滑动轴承

（1）特点

工作平稳、噪声较小，工作可靠。启动摩擦阻力较大。主要应用于以下场合：工作转速特别高；承受冲击和振动载荷极大；要求特别精密；装配工艺要求轴承剖分的场合；要求径向尺寸小（图 1-3）。

（2）结构

滑动轴承一般由轴承座与轴瓦构成。滑动轴承根据结构形式不同，分为整体式和剖分式。

（3）安装维护要点

滑动轴承安装要保证轴颈在轴承孔内转动灵活、准确、平稳。

轴瓦与轴承座孔要修刮贴实，轴瓦剖分面要高出 0.05～0.1 mm，以便压紧。整体式轴瓦压入时要防止偏斜，并用紧固螺钉固定。

注意油路畅通，油路与油槽接通。刮研时油槽两边点子要软，以形成油膜，两端点子均匀，以防止漏油。

3

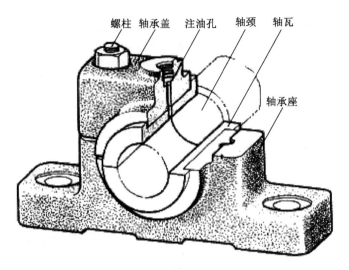

螺柱　轴承盖　注油孔　轴颈　轴瓦

轴承座

图 1-3　滑动轴承

注意清洁,修刮调试过程中凡能出现油污的机件,修刮后都要清洗涂油。

轴承使用过程中要经常检查润滑、发热、振动问题,遇有发热(一般在 60 ℃以下为正常)、冒烟、卡死以及异常振动、声响等时要及时检查、分析,采取措施。

2. 滚动轴承

滚动轴承是将运转的轴与轴座之间的滑动摩擦变为滚动摩擦,从而减少摩擦损失的一种精密的机械元件。

(1) 特点

摩擦较小,间隙可调,轴向尺寸较小,润滑方便,维修方便。但承载能力差,高速转动时噪声大,径向尺寸大,寿命较低。由于轴承为标准化、系列化零件,且成本低,故应用广泛。

(2) 结构

一般由内圈、外圈、滚动体和保持架四部分组成,内圈的作用是与轴相配合并与轴一起旋转;外圈作用是与轴承座相配合,起支撑作用;滚动体是借助于保持架均匀地将滚动体分布在内圈和外圈之间,其形状大小和数量直接影响着滚动轴承的使用性能和寿命;保持架能使滚动体均匀分布,引导滚动体旋转起润滑作用(图 1-4)。

(3) 安装维护要点

将轴承和壳体孔清洗干净,然后在配合表面上涂润滑油。

根据尺寸大小和过盈量大小采用压装法、加热法或冷装法,将轴承装入壳体孔内。

轴承装入壳时,如果轴承上有油孔,应与壳体上油孔对准。

装配时,特别要注意轴承和壳体孔同轴。为此在装配时尽量采用导向心轴。

轴承装入后还要定位,当钻骑缝螺纹底孔时,应用钻模板,否则钻头会向硬度较低的轴承方向偏移。

轴承孔校正。由于装入壳体后轴承内孔会收缩,所以通常应加大轴承内孔尺寸,轴承内孔加大尺寸量,应满足轴承装入后,内孔与轴颈之间还能保证适当的间隙。也有在制造轴承时,内孔留精铰量,待轴承装配后,再精铰孔,保证其配合间隙。

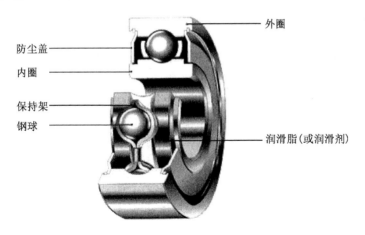

图 1-4　滚动轴承

(三) 键及键连接

键是常用的连接件,应用极为广泛。其主要作用是:实现轴和轴上零件之间的固定;传递运动和扭矩。

键连接的主要类型有平键、半圆键、花键(图 1-5)、楔键和切向键连接。

平键根据用途分为普通型平键、薄型平键、导向平键和滑键四种,其中普通型平键和薄型平键用于静连接,导向平键和滑键用于动连接。普通平键按结构分为圆头(A 型)平键、平头(B 型)平键和单圆头(C 型)平键三种。

（a）平键　　　　　　　　　　（b）半圆键　　　　　　　　　　（c）花键

图 1-5　键的类型

1. 平键连接

平键连接如图 1-6 所示。

(1) 特点

①靠平键的两侧传递转矩,键的两侧面是工作面,对中性好。

②键的表面与轮毂上的键槽底面留有间隙,便于装配。

(2) 分类

①普通平键。对中性好、易拆装、精度较高,应用最广;适用于高速轴或冲击、正反转场合。平键是标准件,只需根据用途、轴径、轮毂长度选取键的类型和尺寸。

②导向平键。可在轴上沿轴向移动;对中性好,易拆装,常用于轴向移动量不大的场合,如变速箱中的滑移齿轮;零件轴导向平键比普通平键长,紧定螺钉固定在键槽中,键与轮毂槽采用间隙配合,键上设有起键孔。

③滑键。键的两侧面是工作面;键固定在轮毂上,具有轴向导向作用;滑键连接对中性好,易拆装,用于轴上零件轴向移动量较大的场合。

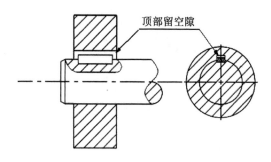

顶部留空隙

图 1-6 平键连接

2. 半圆键连接

半圆键连接的特点如下。

(1) 工作面为键的两侧面,有较好的对中性。

(2) 可在轴上键槽中摆动以适应轮毂上键槽斜度。

(3) 适用于锥形轴与轮毂的连接。

(4) 键槽轴的强度削弱较大,只适用于轻载连接。

3. 花键连接

花键连接是指由沿轴和轮毂孔周向均布的多个键齿相互啮合而成的连接。其特点如下。

(1) 多齿承载,承载能力高。

(2) 齿浅,对轴的强度削弱小。

(3) 对中性,导向性好。

(4) 加工需要专用设备,成本高。

4. 楔键和切向键连接

(1) 楔键。工作面是键的上下两面。靠楔紧力传递转矩,并对零件有轴向固定作用和传递单向轴向力作用,主要用于定心精度要求不高、载荷平衡和低速的场合。

(2) 切向键。由一对具有 1:100 斜度的楔键沿斜面拼合而成,上下两个工作面互相平行,轴和轮毂上的键槽底面设有斜度。

(四)联轴器

1. 作用

用于轴与轴之间的连接,使他们一起回转并传递扭矩。联轴器大多已标准化和系列化,在机械工程中应用广泛。联轴器用来连接两轴,在两轴间传递运动和动力,但两轴在运行过程中不分开。

联轴器所连接的两轴,在制造、安装中存在误差,承载后会变形,温差也会引起变形,使得两轴不同轴线,从而影响两轴间运动传递的均匀性,甚至使轴端承受附加载荷。为适应这些误差,减少其对运动传递均匀性和附加载荷的影响,就要求选用的联轴器具有一定的适应相对误差的能力;同时为了避免冲击振动在两轴间传递,也要求联轴器具有一定的缓冲、吸振功能。

2. 分类

根据对各种误差是否有补偿能力(即能否在发生相对位移条件下保持正常的连接功能),联轴器可分为无补偿能力的刚性联轴器和有补偿能力的挠性联轴器两大类。挠性联轴器根据是否具有缓冲、吸振功能又可分为无弹性元件的挠性联轴器和有弹性元件的挠性联轴器两类。刚性联轴器分为刚性固定联轴器和刚性可移式联轴器。刚性固定联轴器包括凸缘联轴器、套筒联轴器。刚性可移式联轴器包括齿式联轴器和万向联轴器。弹性联轴器靠弹性元件的弹性变形来补偿两轴轴线的相对位移,又分为弹性套柱销联轴器、弹性柱销齿式联轴器、弹性柱销联轴器和安全联轴器等。

3. 刚性联轴器

刚性联轴器对被连接两轴间的各种相对位移无补偿能力,故对两轴的对中性要求较高。当两轴有相对位移时,会引起附加载荷。但这类联轴器结构简单、紧凑,成本低。

(1)套筒联轴器

套筒联轴器如图 1-7 所示,结构简单、径向尺寸小,装拆时轴需做较大的轴向移动,适用于传递转矩小,便于轴向装拆的场合,要求被连接轴径小于 70 mm,故只能用于小型设备。

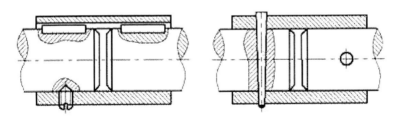

图 1-7　套筒联轴器

(2)凸缘联轴器

凸缘联轴器是把两个带有凸缘的半联轴器用键分别与两轴连接,然后用螺栓把两个半联轴器联成一体,以传递运动和转矩。

两个半联轴器有两种连接方式:图 1-8(a)是靠两个半联轴器上的凸肩和凹槽定位对中,用普通螺栓连接,利用半联轴器结合面间的摩擦力来传递转矩;图 1-8(b)是靠铰制孔螺栓来实现两轴的半联轴器对中并连接,利用螺栓杆受挤压、剪切来传递转矩。

4. 挠性联轴器

由于具有挠性,挠性联轴器可以在一定程度上补偿轴间的偏移,根据是否具有弹性元件分为无弹性元件挠性联轴器和有弹性元件挠性联轴器两类。有弹性元件挠性联轴器可以吸收振动、缓和冲击。

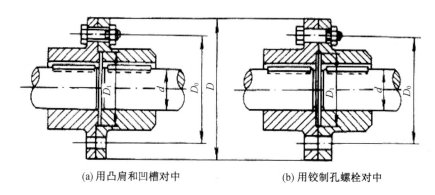

(a) 用凸肩和凹槽对中   (b) 用铰制孔螺栓对中

图 1-8　凸缘联轴器

（1）无弹性元件挠性联轴器

①十字滑块联轴器

十字滑块联轴器如图 1-9 所示，由两个在端面上开有凹槽的半联轴器 1、3 和一个两面带有相互垂直凸牙的中间盘 2 组成。因凸牙可在凹槽中滑动，故可补偿两轴间的相对径向位移误差。

因为半联轴器与中间盘组成移动副，为了减少磨损，其元件工作表面要进行热处理，以提高硬度和使用寿命。中间盘要加注润滑油进行润滑。当径向位移误差较大时，中间盘会产生较大的离心力，增大动载荷及磨损，因此选用时应注意其工作转速不得大于规定值。

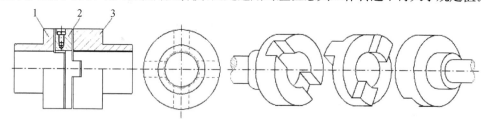

图 1-9　十字滑块联轴器

十字滑块联轴器结构简单，径向尺寸小，传递转矩较大，对安装精度要求不高。速度较高时，中间盘的偏心将产生较大的离心力而加速磨损，一般控制转速在 300 r/min 内。

②齿轮联轴器

由两个具有外齿的半联轴器 1 和两个具有内齿的外壳 2 组成，如图 1-10 所示。两外壳用螺栓连为一体。两半联轴器分别用键与轴连接，靠内、外齿向啮合来传递扭矩，半联轴器之间有较大的轴向间隙，内外齿啮合时具有较大的顶隙和侧隙，外齿为鼓形，其齿顶为球面，球面中心在轴线上，故齿轮联轴器有较大的补偿综合偏移的能力。

齿轮联轴器承载能力强，适应速度范围广，工作可靠，对安装精度要求不高，但是结构复杂、制造困难。

（2）有弹性元件挠性联轴器

①弹性套柱销联轴器

这种联轴器的结构与凸缘联轴器相似，只是用套有弹性套的柱销代替了连接螺栓。通过弹性套传递转矩，可以缓冲减振。弹性套的材料常用耐油橡胶，以提高其弹性。半联轴器与轴的配合孔可做成圆柱形或圆锥形。

1—外齿套；2—内齿圈；3—密封圈；4—铰孔螺栓；5—加油孔。

图 1-10　齿轮联轴器

②弹性柱销联轴器

弹性柱销联轴器如图 1-11 所示，其结构、性能及应用与弹性套柱销联轴器相似，只是靠尼龙柱销传递转矩。与弹性套柱销联轴器相比，它结构简单、加工维修方便、传递转矩大、寿命长，补偿径向和角度偏移能力小，吸振缓冲作用差。由于尼龙对温度比较敏感，其工作温度不宜大于 70 ℃。

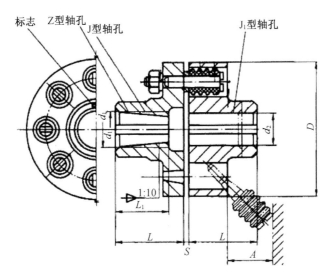

图 1-11　弹性柱销联轴器

（五）离合器

离合器能实现轴与轴之间的连接、分离，从而实现动力的传递和中断。

离合器按其工作原理分为嵌合式和摩擦式，按其操作方式又分为机械离合器、气动离合器、液压离合器、电磁离合器、超越离合器和离心离合器等。

常用离合器分类如下。

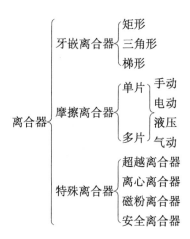

与牙嵌离合器比较,摩擦离合器具有下列优点:(1) 可在运行中随时分合两轴;(2) 过载时摩擦面将发生打滑,具有保护作用;(3) 结合分离平稳,冲击振动较小。

(六) 制动器

1. 作用

制动器是用于使机构、机器减速或使其停止运行的装置,有时也用于调节和限制设备的运动速度,它是保证设备安全正常工作的重要部件。

为了减小制动转矩,缩小制动器尺寸,应将制动器安装在机构的高速轴上。安全制动器则安装在低速轴上或卷筒上,以防传动系统断轴时物体坠落。特殊情况时也有将制动器装在中速轴上的。

2. 分类

制动器根据工作原理分为摩擦式制动器和非摩擦式制动器,根据工作状态可以分为常闭式和常开式。常闭式制动器靠弹簧或重力的作用经常处于紧刹状态,而机构工作时,可利用人力或松闸器使制动器松闸。与此相反,常开式制动器经常处于松闸状态,只有施加外力时才能使其紧闸。

按照构造特征常用制动器分类如下。

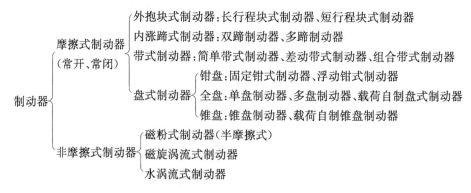

制动器主要由制动架、摩擦元件和松闸器等三部分组成。许多制动器还装有间隙自动调整装置。

第二节　机械传动的种类和用途

水泵机组最常用的传动方式有直接传动和间接传动。当水泵和动力机的额定转速不等或转向不同时,就要用传动装置将两者联系起来,以传递功率,保持转速一致。随着机电排灌技术的进步,水泵机组将向高速化和自动化方向发展,间接传动将被广泛应用。

一、直接传动

直接传动是用联轴器把水泵的轴和动力机的轴连接起来,借以传递能量的方式。联轴器除应可靠传递运动和转矩外,还应具有两个功能。一是补偿轴偏移。安装或制造的误差、零件受载后的弹性变形、转动零件的不平衡、基础下沉、工作温度的变化及轴承的磨损等,都会使两轴线不重合而发生偏移,使工作状态恶化。轴偏移的几种形式如图 1-12 所示。这时,就要求联轴器具有补偿两轴线偏移的能力。二是吸振缓冲。轴的转速较高或工作状态不平稳时,容易发生转动冲击,这要求联轴器具有吸收振动及缓和冲击的能力。

二、间接传动

（一）带传动

带传动是间接挠性传动,由主动带轮 1、从动带轮 3 和传动带 2 组成,如图 1-13 所示。当主动带轮转动时,利用带和带轮之间的摩擦(或啮合)作用,驱动从动轮一起转动,传递运动或动力。带传动结构简单、传动平稳、造价低廉,具有缓冲吸振和过载保护特性,在机械装置中应用广泛。

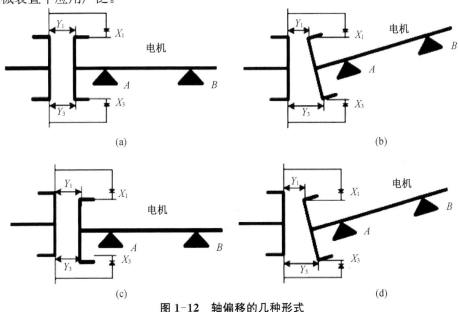

(a)　　　　　　　　　　　　　　(b)

(c)　　　　　　　　　　　　　　(d)

图 1-12　轴偏移的几种形式

1. 带传动的特点

(1) 带是挠性件,具有弹性,能够缓和冲击、吸收振动;带传动工作平稳,噪声小,但是工作时存在弹性滑动,不能保证准确的传动比。

(2) 传动过载时,带相对于小带轮打滑,因而可以保护其他零件免受损坏,但它不能用于安全性要求高的传动(如起重机械)。

(3) 带传动结构简单,对制造、安装要求不高,工作时不需要润滑,因而成本较低,但带的寿命较短,一般只能使用几千小时,且不宜用于高温、易燃场合。

(4) 带传动靠摩擦力传递动力,传动效率低。一般平带传动效率约为95%,V形带效率约为92%。

(5) 与齿轮传动相比,带传动适用于中心距较大的场合,且尺寸不紧凑,轴上压力大。

2. 带传动的分类

按工作原理不同,带传动分为摩擦型带传动和同步带传动两大类。与摩擦型带传动比较,同步带传动的带轮和带之间没有相对滑动,能够严格保证传动比。但同步带传动对中心距和尺寸精度要求较高。

摩擦型带传动按带的横截面形状不同,又可分为平带、V带、圆带、多楔带等多种传动形式。

(1) 平带传动

平带传动的应用范围很广,传动方式可以有多种变换,而且传动比大。

平带传动又分开口式、交叉式和半交叉式三种,如图1-13所示。

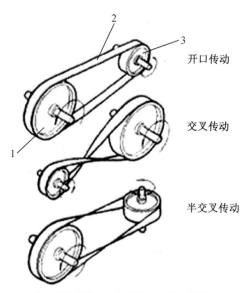

1—主动带轮;2—传动带;3—从动带轮。

图 1-13 平带传动示意图

开口式平带传动适用于泵轴和动力机轴互相平行且转向相同或转向不同的场合;半交叉式平带传动适用于泵轴和动力机轴互相垂直的场合(如卧式动力机带动立式水泵);交叉式平带传动适用于泵轴和动力机轴互相平行、两者转向相反的场合。

（2）V形带传动

V形带传动的带紧嵌在带轮缘的梯形槽内，其两侧与轮槽接触紧密，在同样的张紧力下，产生比平带约大 3 倍的摩擦力，传动比 i 较大，结构较紧凑。其占地面积小，可以节省泵房投资（图 1-14）。V形带的应用比平带广泛得多。

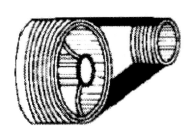

图 1-14　V形带传动示意图

3. 带传动的张紧装置

带传动不仅新带在工作前要张紧，工作一段时间后，带还会因磨损和塑性变形而松弛，使初拉力减小，传动能力下降。为了保证带传动的传动能力，必须对带定期进行张紧。

（1）定期张紧装置。通过定期改变传动中心距来重新调节初拉力，包括滑道式与摆架式，前者用于水平或倾斜不大的传动中，后者用于垂直或接近垂直的传动中。

（2）自动张紧装置。将装有带轮的电机安装在浮动的摆架上，利用电机的自重，使带轮随同电机绕固定轴摆动，以保持张紧力。

（3）使用张紧轮装置。当中心距不能调节时，可采用张紧轮将皮带张紧。V形带张紧装置，张紧轮一般应放在松边的内侧，使皮带只受单向弯曲。同时，张紧轮还应尽量靠近大轮，以免影响小轮的包角。张紧轮的轮槽尺寸与带轮相同，且直径应小于带轮的直径。

4. V形带的使用与维护

正确使用和妥善保养，是保证V形带正常工作和延长寿命的有效措施。

（1）两个带轮的轴线应与轴中心线重合。带轮轴线必须保持平行，且带轮对应轮槽必须对正，以免引起带侧面过早磨损、带扭曲、轴承工作状态恶化。

（2）带顶面应与带轮外缘相平，使带工作面与轮槽工作面保持良好接触。带嵌入太深，会使内表面与轮槽底接触，失去V形带的优势；位置太高，则接触面减少，将使带的传动能力降低，磨损加剧。

（3）成组使用的带长短相差不宜过大，否则将使各根带受力不均。

（4）带轮安装在轴上不得摇晃，轴或轴端不应弯曲。

（5）使用中应保持带清洁，不可与油接触，污垢多时，可用温水或 15% 的稀碱溶液洗涤，还应避免日光直接曝晒。

（二）齿轮传动

齿轮是成对运转的接触构件，如图 1-15 所示，它们通过连续啮合的齿状突出物把运动和力从一根轴传递到另一根轴上，是现代机器中应用最广泛的一种传动机构。齿轮传动的类型很多，按照传动时的相对运动可以分为平面齿轮传动和空间齿轮传动；按照传动时齿轮轴线在空间的相对位置是否固定又可分为定轴轮系和周转轮系。

齿轮传动可以用来传递空间任意两轴的运动,而且传动准确可靠,寿命长、维护好的齿轮能够使用一二十年;传递功率大,现代齿轮传递功率可达数万千瓦;效率高,一对加工及润滑良好的圆柱形齿轮传动,效率可达99%。

图 1-15 齿轮

齿轮传动的类型和特点如下。

(1) 圆柱齿轮传动

圆柱齿轮传动如图 1-16(a)所示,这种齿轮的轴线与轮齿平行,适用于两平行轴之间传动,有内啮合和外啮合两种。外啮合齿轮传动,两齿轮的传动方向相反;内啮合齿轮传动,两齿轮的传动方向相同。齿轮传动是成对运转的接触构件,它们通过连续啮合的轮齿把运动和力从一根轴传递到另一根轴上,配合精度要求高,不但要有良好的加工精度,装配工艺也很重要。安装时要避免齿轮偏心、歪斜、轮齿未贴紧等问题;非工作齿面间的间隙,也叫齿侧间隙,应分布均匀。检查侧隙可用塞尺测量,也可用压铅法,将铅线放在齿宽中间,待啮合压扁后用千分尺测量扁铅线的厚度,即为侧隙;检查轮齿的接触通常用涂色法,用红丹涂在小齿轮的齿面,观察印痕的分布就可明确齿面的啮合情况。

(2) 圆锥齿轮传动

圆锥齿轮传动如图 1-16(b)所示,圆锥齿轮又叫伞齿轮,用于传递相交轴之间的运动。圆锥齿轮的轮齿排列在圆锥体的表面上,有直齿、斜齿之分,因而分别组成直齿、斜齿齿轮传动。由于直齿圆锥齿轮的设计、制造和安装均比较简便,故应用最广泛。按两轮啮合形式,也有外啮合、内啮合之分。

(3) 蜗杆传动

蜗杆传动如图 1-16(c)所示,是用来传递空间互相垂直而不相交的两轴间的运动和力的传动机构。蜗杆是主动件,蜗轮是从动件,蜗杆可以带动蜗轮,而蜗轮却不能带动蜗杆,这就是所谓自锁性。它由于有传动比大而结构紧凑、有自锁功能、传动平稳、噪声小等方面的优点,在各类机械传动系统中得到广泛的应用。蜗杆传动的主要缺点是传动效率不如齿轮,工作时发热量大,需要良好的润滑和冷却。装配时,要使蜗杆轴线处于蜗轮轮齿的对称平面内,并与蜗轮的轴线互相垂直;中心距要求准确,齿侧间隙、接触斑点要符合要求。

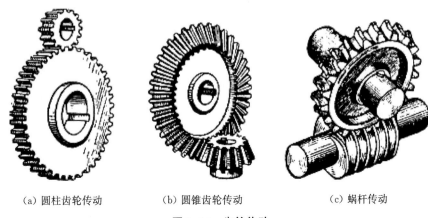

(a) 圆柱齿轮传动　　　　(b) 圆锥齿轮传动　　　　(c) 蜗杆传动

图 1-16　齿轮传动

(4) 行星齿轮传动

在传动中,如果轮系中有一个或一些齿轮的轴线并不是固定的,而是绕着其他定轴齿轮的轴线回转,则这种轮系称为周转轮系。在图 1-17 中所示的周转轮系中,外齿轮 1、内齿轮 3 都是绕着固定的轴线回转的,这两个齿轮都称为中心轮(或叫太阳轮)。齿轮 2 的轴承装在构件上,构件也像齿轮 1、3 一样绕着固定的轴线回转,所以当轮系运转时,齿轮 2 一方面绕着自己的轴线回转,另一方面又随着构件一起绕着固定的轴线回转,就像天上行星的运动一样,兼有自转和公转,故齿轮 2 称为行星齿轮。在周转轮系中,假如有一个中心轮是固定的,则这种轮系又称行星轮系;若两个中心轮都能转动,则这个轮系又称差动轮系。行星轮系只有 1 个自由度,差动轮系则有 2 个自由度。

周转轮系在现代的许多机器和仪器中得到广泛的应用,行星减速器由于有多个行星轮同时啮合,而且采用内啮合,利用了内齿轮中间的空间,与普通定轴轮系减速器相比,在同等的体积和重量条件下,可以传递较大的功率,工作也更为可靠。

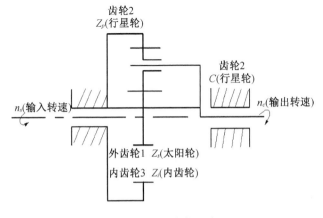

图 1-17　行星齿轮示意图

（5）定轴轮系的传动比

由一对齿轮所组成的齿轮机构只是齿轮传动中最简单的形式,在实际机械中,为了满足工作需要,只用一对齿轮是不够的,而采用的是一系列的齿轮传动。这种由一系列的齿轮所组成的传动系统就称轮系。在传动中,如果轮系中的各齿轮的几何轴线位置都是固定的,这种轮系称为定轴轮系。

为了方便起见,转向关系可以通过对齿轮标注箭头来表示,标注的规则是:一对平行外啮合齿轮,其转向相反,故用方向相反的箭头表示;一对平行内啮合齿轮,其转向相同,故用方向相同的箭头表示;一对圆锥齿轮传动时,表示转向的箭头同时指向啮合点或同时背向啮合点;蜗杆传动时,根据左、右手定则的方法来判别蜗轮或蜗杆的转向。平面定轴轮系如图 1-18 所示,空间定轴轮系如图 1-19 所示。

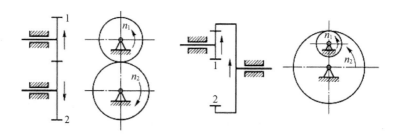

图 1-18　平面定轴轮系

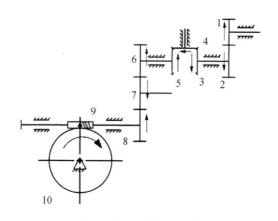

图 1-19　空间定轴轮系

对平面定轴轮系,也可以用"＋""－"号表示二者间的传动关系。"＋"号表示转向相同,"－"号表示转向相反。

定轴齿轮的传动比等于该轮系中各对齿轮的传动比的连乘积。其大小等于各对齿轮中的所有从动轮齿数的连乘积与所有主动轮齿数的连乘积之比,而传动比的"＋""－"取决于外啮合次数 m,内啮合不影响转向。

（6）螺旋传动

螺旋传动是运用机械中的斜面原理,利用内、外螺纹组成的螺旋副来传递运动和动力的装置,可以方便地将主动件的回转运动转变成为从动件的直线运动,螺杆式启闭机就是利用螺旋副的传动原理,将螺母的旋转运动变成螺杆的直线运动,使施加在螺母的转矩转变为启闭闸门的启闭力。螺旋传动具有结构简单、工作连续平稳、传动精度高、省力等优点。缺点是螺纹之间易产生比较大的相对滑动,磨损大,效率低,在使用中必须有良好的润滑。

常见的螺杆启闭机,采用的是单头螺杆,其移动速度由螺母的转速和螺距决定,螺母每转动一圈,螺杆就移动一个螺距,即

$$a = nt$$

式中:a 为螺杆每分钟移动的距离,m;n 为螺母的转速,r/min;t 为螺杆的螺距,m。

第三节　连接件

一、螺纹连接与螺旋传动

螺纹有外螺纹和内螺纹之分。起连接作用的螺纹称为连接螺纹,起着传动作用的螺纹称为传动螺纹。螺纹又分为米制和英制(螺距以每英寸牙数表示)两类。我国除管螺纹外,多采用米制螺纹。

常用螺纹的类型主要有普通螺纹(三角形螺纹,分粗牙和细牙)、管螺纹、矩形螺纹、梯形螺纹、锯齿形螺纹。前两种主要用于连接,后三种主要用于传动。其中除矩形螺纹外,都已经标准化。标准螺纹的基本尺寸,可以查阅有关标准。此外除非在非常特殊的地方(例如,如果在转轴的轴端上使用右旋螺纹,工作时会自然松动)处使用左旋螺纹外,几乎全部都使用右旋螺纹。常用螺纹的类型和特点见图 1-20。

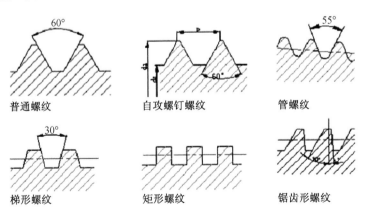

普通螺纹　　　　自攻螺钉螺纹　　　　管螺纹

梯形螺纹　　　　矩形螺纹　　　　锯齿形螺纹

图 1-20　常用螺纹类型及特点

我国已经制定了相关的公差等级,读者可自行查阅。然而公差等级和螺纹牙的表面粗糙度、螺距、螺纹牙型的角度没有关系,仅仅表示外螺纹大径,外螺纹小径,内螺纹大径、中径、小径的尺寸公差。

二、螺纹连接的基本类型

1. 螺栓连接

常见的普通螺栓连接特点是被连接件上的通孔和螺栓杆间留有间隙，故通孔加工精度低，结构简单，装拆方便，因此应用极广。另外一种连接方式是配合螺栓（铰制孔螺栓）连接。孔和螺栓杆多采用基孔制过渡配合（H7/m6、H7/n6）。这种连接能精确固定被连接件的相对位置，并能承受横向载荷，但孔的加工精度要求较高。

2. 双头螺柱连接

这种连接适用于结构上不能采用螺栓连接的场合，例如被连接件之一太厚不宜制成通孔，且需要经常拆装时，往往采用双头螺柱连接。

3. 螺钉连接

紧定螺钉连接是利用拧入零件螺纹孔中的螺钉末端顶住另一零件表面或者顶入相应的凹坑中，以固定两个零件的相对位置，如机器、仪器的调节螺钉等。

除上述四种基本螺纹连接外，还有一些特殊结构的连接。例如专门用于将机座或机架固定在地基上的脚螺栓连接，装在机器或大型零、部件的顶盖或外壳上便于起吊用的吊环螺栓连接，用于工装设备中的 T 形槽螺栓连接等。

4. 螺旋传动

螺旋传动是利用螺杆和螺母组成的螺旋副来实现传动要求的。它主要用于将回转运动转变为直线运动，同时传递运动和动力。根据螺杆和螺母的相对运动关系，螺旋传动的常用运动方式，主要有以下两种：螺杆转动、螺母移动，多用于机床的进给机构中；螺母固定、螺杆转动并移动，多用于起重器（千斤顶）或螺旋压力机中。螺旋传动按其用途不同，可分为以下三种类型。

（1）传力螺旋。它以传递动力为主，要求以较小的转矩产生较大的轴向推力，用以克服工作阻力，如各种起重或加压装置的螺旋。这种传动螺旋主要是承受很大的轴向力，一般为间歇性工作，每次工作时间较短，工作速度也不高，而且通常需有自锁能力。

（2）传导螺旋。它以传递运动为主，有时也承受较大的轴向载荷，如机床进给机构的螺旋等。传导螺旋主要在较长时间内连续工作，工作速度较高，因此要求具有较高的传动精度。

（3）调整螺旋。它用以调整、固定零件的相对位置，如机床、仪器及测试装置中的微调机构的螺旋。调整螺旋不经常转动，一般在空载下调整。

螺旋传动采用的螺纹类型有矩形、梯形和锯齿形。其中以梯形和锯齿形螺纹应用最广。螺杆常用右旋螺纹，只有在某些特殊的场合，如车床横向进给丝杠，为了符合操作习惯，才采用左旋螺纹。传力螺纹和调整螺纹要求自锁时，应采用单线螺纹。对于传导螺纹，为了提高其传动效率及直线运动速度，可采用多线螺纹。

三、键

键是一种标准零件，通常用来实现轴与轮毂之间的轴向固定，并将转矩从轴传递到轮毂或从轮毂传递到轴，有的还能实现轴上零件的轴向固定或轴向滑动。键大致分为平键、半圆键、楔键、切向键等几大类。现就键连接的主要形式及应用特性简介如下。

1. 平键连接

普通平键的两侧面是工作面,工作时,依靠同键槽侧面的挤压来传递扭矩。键的上表面和轮毂上键槽的底面间则留有间隙。平键连接具有结构简单、装拆方便、对中性较好等优点,因而得到广泛应用。这种键不能承受轴向力,因而对轴上的零件不能起到轴向固定的作用。

平键按照其构造分为圆头、方头及单圆头三种。圆头平键宜放在轴上用键槽铣刀铣出的键槽中,键在键槽中轴向固定良好。缺点是键的头部侧面与轮毂上的键槽并不接触,因而键的圆头部分不能充分利用,而且轴上的键槽端部的应力集中较大。方头平键是放在用锯片铣刀铣出的键槽中,因而避免了上述缺点,但对尺寸大的键宜用紧定螺钉固定在轴上的键槽中,以防松动。单圆头平键则常用于轴端与轮毂类零件的连接。

2. 半圆键连接

轴上的键槽用尺寸与半圆键相同的半圆键键槽铣刀铣出,因而键在槽中能绕其几何中心摆动以适应轮毂中键槽的斜度。半圆键工作时,靠其侧面来传递扭矩。这种键的优点是工艺性好,装配方便,尤其适用于锥形轴与轮毂的连接。缺点是轴上键槽较深,对轴的强度削弱较大,故一般只用于轻载连接中。

3. 楔键连接

楔键连接方式分为普通楔形及钩头楔形,普通楔形也有圆头、方头及单圆头三种类型。楔形的上下两面是工作面,键的上表面和与它配合的轮毂键槽面均有 1:100 的斜度。装配时,圆头楔键要先放入键槽,然后打紧;方头及钩头楔键则在轮毂转到适应位置后才将键打紧,使它楔紧在轴和轮毂的键槽里,单圆头楔键则多用于轴端和轮毂的连接。楔键连接工作时,靠键的楔紧作用来传递转矩,同时还可以承受单向的轴向载荷,对轮毂起到单向的轴向定位作用。但在楔紧时破坏了轴与轮毂的对中性,故不宜用于对中性要求严格或高速、精密传动的场合。由于楔键连接结构较平键连接简单,被连接件在轴上固定不必采用附加零件,故在一些低速、轻载和对传动精度要求不高的连接中仍常使用。

4. 切向键连接

切向键连接由一对斜度为 1:100 的楔键组成。切向键的工作面是两键沿斜面拼合后相互平行的两个窄面,被连接的轴和轮毂上都开有键槽,装配时,把一对键分别从轮毂两端打入,拼合而成的切向键就沿轴的切线方向楔紧在轴与轮毂之间。工作时,靠工作面的挤压力和轴与轮毂键的摩擦力来传递转矩。用一个切向键时,只能单向传动。有反转要求时,必须用两个切向键,此时为了不致严重地削弱轴与轮毂的强度,两个键槽最好错开 120°。

5. 花键

花键连接由外花键和内花键组成。花键连接是平键连接在数目上的发展,但是,由于结构形式和制造工艺不同,与平键连接相比,花键连接在强度、工艺和使用方面有下述优点:在轴上与毂孔上直接而均匀地制出较多的齿与槽,故连接受力较为均匀;槽浅,齿根处应力集中较小,轴与轮毂的强度削弱较少;齿数较多,总接触面积较大,因而可承受较大的载荷;轴上零件与轴的对中性好、导向性较好,可用研磨的方法提高加工精度及连接质量。

其缺点是齿根仍有应力集中，有时需要用专门设备加工，成本较高。花键已标准化，它在机械制造，特别是在飞机、汽车、拖拉机、机床制造业和农业机械中得到广泛的应用。

四、销

销主要用来固定零件之间的相对位置，也用于轴与轮毂的连接或其他零件的连接，并可传递不大的载荷；还可以作为安全位置中的过载剪断元件，称为安全销。销分为圆柱销、圆锥销、槽销、开口销及特殊形状的销等，其中圆柱销、圆锥销及开口销均有国家标准。

圆柱销靠过盈固定在孔中。这种销若经多次拆装就会破坏连接的可靠性和精确性，而圆锥销就无此缺点。圆柱销的直径偏差有 s7、n6、h8、和 h11 四种，以满足不同的使用要求。

圆锥销具有 1∶100 的锥度，以使其有可靠的自锁性能。开尾圆锥销在装入销孔后，把末端开口部分撑开，能保证销不松脱。

槽销是沿圆柱面的母线方向开有深度不同的凹槽的销。槽常有三条，用滚压或模锻方法制出。槽的主要形状有：沿销全长的平行直槽；沿销全长的楔形槽；一端有短楔形槽及中部有短凹槽等。槽销压入销孔后，它的凹槽即产生收缩形变，故可借材料的弹性而固定在销孔中。安装槽销的孔不需要精确加工，并且在同一孔中可装拆多次。槽销近来应用较为普遍，对于受震动载荷的连接也很适用。在很多场合下，槽销可代替键、螺栓、圆柱销来使用。

总之，销的类型可根据工作要求选定。用于连接的销，工作时通常受到挤压和剪切作用。在进行具体选择时，可根据连接的结构特点，按经验确定，必要时再做强度校核。

五、T 形槽

在加工机床的工作台类部件上，常见到这种 T 形槽。他们被用于安装固定被加工零件、分度盘等附属部件。因槽的断面成 T 字形而名，加工 T 形槽的刀具称为 T 形槽铣刀。利用 T 形槽固定其他零件时还需要使用 T 形螺栓、T 形螺母。因此，在 T 形槽、T 形槽用螺栓、T 型槽用螺母之间若没有一定的尺寸关系就会出现问题。所以，对应于 T 形槽的公称尺寸，其余各部分尺寸与间距都有标准规定。

六、弹簧

以利用物体的弹性或形变蓄积的能量等为目的的机械零件称为弹簧。弹簧常用于吸收振动与冲击的能量，对施加的载荷与重量进行测定并蓄能等。弹簧根据形状大致可分为螺旋弹簧、拉伸弹簧、扭转弹簧、涡卷盘式弹簧、重叠板弹簧等。制造弹簧的材料主要是弹簧钢，此外根据用途的不同也可采用硬钢线、钢琴弦线、不锈钢线、黄铜线、铅铜线来制造。

七、密封垫

在一般机械上密封垫都是用来对流体进行密封的。如 O 形密封圈的使用区一样，密封垫是用于固定部分的密封。根据密封流体的种类、密封场所压力、温度的不同，密封垫的材质、形状也是多种多样的。密封垫一般是纸质、纤维材料、化学材料制成的，形状多为片状。在高压高温等特殊的地方，也有使用金属密封垫的。铜合金等软材料是首选，但也有用钢板来做密封垫的。

第四节　润滑油(脂)的牌号、性能及应用

一、润滑材料的分类

润滑油、润滑脂统而言之,为润滑剂之一种。而所谓润滑剂,简单地说,就是介于两个相对运动的物体之间,具有减少两个物体因接触而产生的摩擦功能的物质。

润滑油是一种技术密集型产品,是复杂的碳氢化合物的混合物,而其真正使用性能又是复杂的物理或化学变化过程的综合效应。润滑油的基本性能指标包括一般理化性能指标、特殊理化性能指标和模拟台架试验指标。

凡是能降低摩擦阻力的介质均可作为润滑材料,目前常用的润滑剂有 4 种。

(1) 液体润滑剂,包括矿物油、合成油、水基液、动植物油等。

(2) 润滑油脂,包括皂基脂、无机脂、烃基脂等。

(3) 固体润滑剂,包括软金属、金属化合物、无机物、有机物等。

(4) 气体润滑剂,包括空气、氦气、氮气、氢气等。

二、润滑油的种类

润滑油的种类很多,这里只叙述泵站机组的用油,通常可分为润滑油和绝缘油两大类。其中用量较大的是透平油和变压器油。各类油的特性及用途见表1-1。

(一)润滑油

(1) 透平油也称为 TSA 汽轮机油,按照 ISO 黏度等级分为 32、46、68、100 几个等级,南水北调泵站常用 46、68 号。泵站大容量机组常用的透平油主要供给油压装置、主机组、油压启闭机等。具体选用哪一种油,应根据设备制造厂的要求确定。

(2) 机械油常用的有 32、46、68 几个等级,主要用于辅助设备轴承、起重机械和容量较小的主机组润滑。

(3) 压缩机油供空气压缩机润滑用。

(4) 润滑油脂(黄油)供滚动轴承润滑用。

(二)绝缘油

(1) 变压器油。泵站常用的是 10 号和 25 号两种,供变压器和互感器用。

(2) 开关油。有 10 号和 45 号两种,供开关用。

(三)泵站常用油的作用

1. 透平油的作用

(1) 润滑。油在相互运动的零部件的空间(间隙)形成油膜,以润滑机件的内部摩擦

（液体摩擦）来代替固体间的干摩擦,减小机件相对运动的摩擦阻力,减轻设备发热和磨损,延长设备的使用寿命,保证设备的功能和安全。

（2）散热。设备虽经油润滑,但还有摩擦存在(如分子间的摩擦等),因摩擦所消耗的功能变为热量,使温度升高。油温过高会加速油的氧化,使油劣化变质,影响设备功能,所以必须散热,也就是通过油将热量带出去,使油和设备的温度不超过规定值,保证设备经济安全运行。

（3）传递能量。水泵叶片液压调节装置、液压启闭机和水泵机组的顶机组转子装置等都是由透平油传递能量的,在使用液压联轴器传动的大型机组中,透平油还用来传递主水泵的轴功率,从而实现机组的无级变速调节。

2. 绝缘油的作用

（1）绝缘。由于绝缘油的绝缘强度比空气大得多。用油作为绝缘介质可以大大提高电气设备运行的可靠性,缩小设备尺寸。同时,绝缘油还对棉纱纤维等绝缘材料起一定保护作用,使之不因受空气和水分的侵蚀而很快变质。

（2）散热。变压器线圈通过电流而产生热量,此热量若不能及时排出,温升过高将会损害线圈绝缘,甚至烧毁变压器。绝缘油可以吸收这些热量,再经冷却设备将热量传给水或空气带走,保持温度在一定的允许值范围内。

（3）消弧。当油开关接通或切断电力负荷时,在触头之间会产生电弧,电弧的温度很高,若不设法将弧道消除,就可能烧毁设备,此外,电弧的继续存在,还可能使电力系统发生振荡,引起过电压击穿设备。

表 1-1　各类油的特性及用途

名称	代号	运动黏度 (40℃) (mm²/s)	闪点 (开口) (℃)	倾点 (不高于) (℃)	主要用途
L-AN 全损耗 系统用油 (GB443—89)	L-AN5	4.14～5.06	80	−5	适用于对润滑油无特殊要求的全损耗润滑系统,不适用于循环润滑系统。常用于对润滑油无特殊要求的锭子、轴承、齿轮和其他低负荷机械等部件的润滑
	L-AN7	6.12～7.48	110		
	L-AN10	9.00～11.00	130		
	L-AN15	13.5～16.5	150		
	L-AN22	19.8～24.2			
	L-AN32	28.8～35.2			
	L-AN46	41.4～50.6	160		
	L-AN68	61.2～74.8			
	L-AN100	90.0～110	180		
	L-AN150	135～166			

名称	代号	运动黏度 （40℃） （mm²/s）	闪点 （开口） （℃）	倾点 （不高于） （℃）	主要用途
L-HL 液压油 （GB11118—89）	L-HL15	13.5～16.5	155	−9	适用于机床和其他设备的低压齿轮泵。也可用于其他使用抗氧防锈型润滑油的机械设备，如轴承和齿轮等
	L-HL22	19.8～24.2	165		
	L-HL32	28.8～35.2	175	−6	
	L-HL46	41.4～50.6	185		
	L-HL68	61.2～74.8	195		
	L-HL100	90～100	205		
	L-HM22	19.8～24.2	165	−15	主要适用于钢-钢摩擦副的液压油泵，如用于重负荷、中压、高压的叶片泵、柱塞泵和齿轮泵的液压系统
	L-HM32	28.8～35.2	175		
	L-HM46	41.4～50.6	185	−9	
	L-HM68	61.2～74.8	195		
工业齿轮油 （SY1172—80）	50	45～55	170	−5	适用于工业设备齿轮的润滑
	70	65～75			
	90	80～100	190		
	120	110～130			
	150	140～160	200		
	200	180～220			
	250	230～270	220		
	300	280～320			
	350	330～370		0	
中负荷工业齿轮油 （GB5903—86）	N68	61.2～74.8	180	−8	适用于煤炭、水泥和冶金等工业部门的大型封闭齿轮传动装置的润滑
	N100	90～100			
	N150	135～165	200		
	N220	198～242			
	N320	288～352			
	N460	414～506			
	N6800	612～748	220	−5	

续表

名称	代号	运动黏度 (40℃) (mm²/s)	闪点 (开口) (℃)	倾点 (不高于) (℃)	主要用途
普通开式齿轮油 (SY1232—85)	68	60～75	200		主要适用于开式齿轮、链条和钢丝绳的润滑
	100	90～110			
	150	135～165			
	220	200～245	210		
	320	290～350			
主轴油 (SY1229—82)	N2	2.0～2.4	60	−15	主要用于精密机床轴承的润滑及其他以压力油浴、油雾润滑的滑动轴承或滚动轴承的润滑
	N3	2.9～3.5	70		
	N5	4.2～5.1	80		
	N7	6.2～7.5	90		
	N10	9.0～11.0	100		
	N15	13.5～16.2	110		
	N22	19.8～24.2	120		
仪表油 (GB487—84)		9～11	125	−60	适用于各种仪表的润滑

第五节　常用机械测量工具

一、常用量具

(一)游标卡尺

游标卡尺,是一种测量长度、内外径、深度的量具(图 1-21)。游标卡尺由主尺和附在主尺上能滑动的游标两部分构成。若从背面看,游标是一个整体。主尺一般以毫米为单位,而游标上则有 10、20 或 50 个分格,根据分格的不同,游标卡尺可分为十分度游标卡尺、二十分度游标卡尺、五十分度游标卡尺等。游标卡尺的主尺和游标上有两副活动量爪,分别是内测量爪和外测量爪,内测量爪通常用来测量内径,外测量爪通常用来测量长度和外径。深度尺与游标尺连在一起,可以测槽和筒的深度(图 1-22)。

1. 游标卡尺的使用

先用软布将量爪擦干净,使其并拢,查看游标和主尺身的零刻度线是否对齐。如果对齐就可以进行测量,若没有对齐则要记取零误差。游标的零刻度线在尺身零刻度线右侧的叫正零误差,在尺身零刻度线左侧的叫负零误差(这种规定方法与数轴的规定一致,原点以右为正,原点以左为负)。

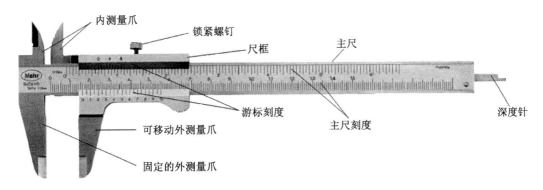

图 1-21 游标卡尺

测量时,右手拿住尺身,大拇指移动游标,左手拿待测外径(或内径)的物体,使待测物位于外测量爪之间,当与量爪紧紧相贴时,即可读数。

读数时首先以游标零刻度线为准在尺身上读取 mm 整数,即以 mm 为单位的整数部分。然后看游标上第几条刻度线与尺身的刻度线对齐,如第 6 条刻度线与尺身刻度线对齐,则小数部分即为 0.6 mm(若没有正好对齐的线,则取最接近对齐的线进行读数)。若游标卡尺存在对零误差,则一律用上述结果减去对零误差(对零误差为负,相当于加上相同大小的对零误差),读数结果为

$$L = 整数部分 + 小数部分 - 对零误差$$

判断游标上哪条刻度线与尺身刻度线对准,可用下述方法:选定相邻的三条线,如左侧的线在尺身对应线之右,右侧的线在尺身对应线之左,中间那条线便可以认为是对准了,如图 1-23 所示。

如果需测量几次取平均值,不需每次都减去零误差,只要从最后结果中减去对零误差即可。

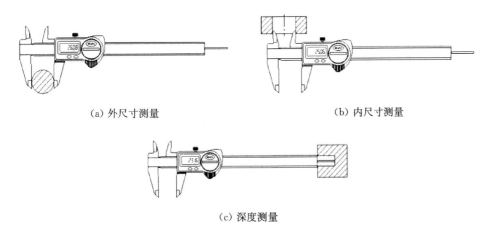

(a) 外尺寸测量　　　　　　　　　　(b) 内尺寸测量

(c) 深度测量

图 1-22 游标卡尺应用

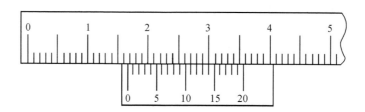

图 1-23　数据读取

2. 游标卡尺的维护

游标卡尺使用完毕,用棉纱擦拭干净。长期不用时应将它擦上黄油或机油,两量爪合拢并拧紧紧固螺钉,放入卡尺盒内盖好。使用游标卡尺应注意如下事项。

(1) 游标卡尺是比较精密的测量工具,要轻拿轻放,不得碰撞或跌落地下。使用时不要用来测量粗糙的物体,以免损坏量爪,不用时应置于干燥地方防止锈蚀。

(2) 测量时,应先拧松紧固螺钉,移动游标不能用力过猛。两量爪与待测物的接触不宜过紧。不能使被夹紧的物体在量爪内挪动。

(3) 读数时,视线应与尺面垂直。若需固定读数,可用紧固螺钉将游标固定在尺身上,防止滑动。

(4) 实际测量时,对同一长度应多测几次,取其平均值来消除偶然误差。

（二）千分尺（螺旋测微器）

螺旋测微器又称千分尺、螺旋测微仪、分厘卡,是比游标卡尺更精密的测量长度的工具,用它测长度可以准确到 0.01 mm,测量范围为几个厘米。它的一部分加工成螺距为 0.5 mm 的螺纹,当它在固定套管的螺套中转动时,将前进或后退,活动套管和螺杆连成一体,其周边等分成 50 个分格。螺杆转动的整圈数由固定套管上间隔 0.5 mm 的刻线去测量,不足一圈的部分由活动套管周边的刻线去测量。

1. 分类

千分尺分为机械千分尺和电子千分尺两类。

(1) 机械千分尺,简称千分尺,如图 1-24 所示,是利用精密螺纹副原理测长的手携式通用长度测量工具。主要用于测量金属线外径和板材厚度。千分尺的种类很多。改变千分尺测量面形状和尺架等就可以制成不同用途的千分尺,如用于测量内径、螺纹中径、齿轮公法线或深度等的千分尺。

(2) 电子千分尺,也叫数显千分尺,如图 1-25 所示。测量系统中应用了光栅测长技术和集成电路等。电子千分尺是 20 世纪 70 年代中期出现的,用于外径测量。

2. 使用和保养

(1) 检查零位线是否准确。

(2) 测量时需把工件被测量面擦干净。

(3) 工件较大时应放在 V 形铁或平板上测量。

(4) 测量前将测量杆和砧座擦干净。

(5) 拧活动套管时需用棘轮装置。

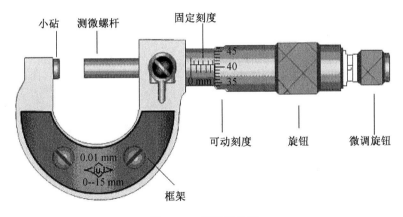

小砧　测微螺杆　固定刻度

45
40
0 mm 35

可动刻度　旋钮　微调旋钮

0.01 mm
0--15 mm

框架

图1-24　机械千分尺

图1-25　电子千分尺

（6）不要拧松后盖，以免造成零位线改变。

（7）不要在固定套管和活动套管间加入普通机油。

（8）用后擦净上油，放入专用盒内，置于干燥处。

（三）水平仪

水平仪是一种测量小角度的常用量具。在机械行业和仪表制造中，用于测量相对于水平位置的倾斜角、机床类设备导轨的平面度和直线度、设备安装的水平位置和垂直位置等。

1. 主要类型

按水平仪的外形不同可分为条式水平仪［见图1-26（a）］和框式水平仪［见图1-26（b）］两种；按水准器的固定方式又可分为可调式水平仪和不可调式水平仪。按原理又可分为气泡水平仪和电子水平仪。

将合像水平仪（图1-27）安置在被检验的工作面上，由于被检验面的倾斜而引起两气泡不重合，转动度盘，一直到两气泡重合为止，此时即可得出读数。被检件的实际倾斜度计算公式如下：

实际倾斜度＝刻度值×支点距离×刻度盘读数

如刻度盘读数为 5 格,对固定合像水平仪而言,刻度值和支点距离为定值,若刻度值为 0.01 mm/m,支点距离为 165 mm,则

$$实际倾斜度＝0.01/1\,000×165\ mm×5＝0.008\,25\ mm$$

技术要求如下。

(1)合像水平仪工作面上不得有锈迹、碰伤、划伤等缺陷及其他影响使用的缺陷。

(2)喷漆表面应美观,不得有脱漆、划伤等缺陷,其他裸露非工作面不得有锈蚀等明显缺陷。

(3)测微螺杆在转动时应顺畅,不得有卡住或跳动现象。

(4)当测微螺杆均匀转动时,气泡在水准泡内移动应平稳,无停滞和跳动现象。

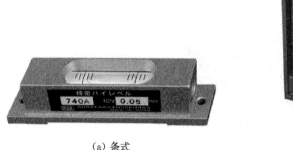

(a)条式   (b)框式

图 1-26　水平仪

图 1-27　合像水平仪

2. 水平仪的使用

(1)水平仪的两个 V 形测量面是测量精度的基准,在测量中不能与工作的粗糙面接触或摩擦。安放时必须小心轻放,避免因测量面划伤而损坏水平仪,造成不应有的测量误差。

(2)用水平仪测量工件的垂直面时,不能握住与副测面相对的部位用力向工件垂直平面推压,这样会因水平仪的受力变形,影响测量的准确性。正确的测量方法是手握持副测面内侧,使水平仪平稳、垂直地(调整气泡位于中间位置)贴在工件的垂直平面上,然后

从纵向水准读出气泡移动的格数。

(3)使用水平仪时,要保证水平仪工作面和工件表面的清洁,以防止脏物影响测量的准确性。测量水平面时,在同一个测量位置上,应将水平仪调过相反的方向后再进行测量。

当移动水平仪时,不允许水平仪工作面与工件表面发生摩擦,应该提起来放置。

(4)当测量长度较大的工件时,可将工件平均分成若干尺寸段,用分段测量法测量,然后根据各段的测量读数,绘出误差坐标图,以确定其误差的最大格数。

(5)机床工作台面的平面度检验方法:工作台及床鞍分别置于行程的中间位置,在工作台面上放一桥板,其上放水平仪,分别沿各测量方向移动桥板,每隔桥板跨距记录一次水平仪读数。通过工作台面上三点建立基准平面,根据水平仪读数求得各平面测点的坐标值。

(6)测量大型零件的垂直度时,用水平仪粗调基准表面水平。分别在基准表面和被测表面上用水平仪分段逐步测量并用图解法确定基准方位,然后求出被测表面相对于基准的垂直度误差。

测量小型零件垂直度时,先将水平仪放在基准表面上,读气泡一端的数值,然后用水平仪的一侧紧贴垂直被测表面,气泡偏离上一次(基准表面)读数值,即为被测表面的垂直度误差。

3. 水平仪使用注意事项

水平仪是测量偏离水平面的倾斜角角度的测量仪。水平仪的关键部位——主气泡管的内表面进行过抛光,气泡管的外表面刻有刻度,在内部充以液体和气泡。主气泡管设有气泡室,用来调整气泡的长度;气泡管总是对底面保持水平,但在使用期间很可能有变化,为此,设置了调节螺钉。

(1)测量前,应认真清洗测量面并擦干,检查测量表面是否有划伤、锈蚀、毛刺等缺陷。

(2)检查零位是否准确。若不准,对可调式水平仪应进行调整,调整方法如下:将水平仪放在平板上,读出气泡管的刻度,这时在平板平面的同一位置上,再将水平仪左右反转180°,然后读出气泡管的刻度。若读数相同,则水平仪的底面和气泡管平行;若读数不一致,则使用备用的调整针,插入调整孔后,进行上下调整。

(3)测量时,应尽量避免温度的影响,温度对水准器内液体影响较大,因此应注意手热、阳光直射、哈气等因素对水平仪的影响。

(4)使用中,应在垂直水准器的位置上进行读数,以减小视差对测量结果的影响。

(四)千分表与磁性表座

千分表是通过齿轮或杠杆将一般的直线位移(直线运动)转换成指针的旋转运动,然后在刻度盘上进行读数的长度测量仪器。千分表与磁性表座如图1-28—图1-30所示。

千分表的正确使用方法如下。

(1)将表固定在表座或表架上,稳定可靠。装夹指示表时,夹紧力不能过大,以免套管变形卡住测杆。

(2)调整表的测杆轴线垂直于被测平面,对圆柱形工件,测杆的轴线要垂直于工件的轴线,否则会产生很大的误差并损坏指示表。

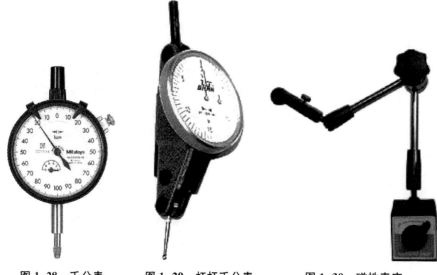

图 1-28 千分表   图 1-29 杠杆千分表   图 1-30 磁性表座

（3）测量前调零位。绝对测量用平板作零位基准，比较测量用对比物（量块）作零位基准。

调零位时，先使测头与基准面接触，压测头使大指针旋转大于一圈，转动刻度盘使 0 线与大指针对齐，然后把测杆上端提起 1～2 mm 再放手使其落下，反复 2、3 次后检查指针是否仍与 0 线对齐，若不齐则重调。

（4）测量时，用手轻轻抬起测杆，将工件放入测头下测量，不可把工件强行推入测头下。显著凹凸的工件不用指示表测量。

（5）不要使测量杆突然撞落到工件上，也不可强烈震动、敲打指示表。

（6）测量时注意表的测量范围，不要使测头位移超出量程，以免过度伸长弹簧，损坏指示表。

（7）不使测头测杆做过多无效的运动，否则会加快零件磨损，使表失去应有精度。

（8）当测杆移动发生阻滞时，不可强力推压测头，须送计量室处理。

（五）塞尺（厚薄规）

塞尺，又称厚薄规或间隙片，是由一组具有不同厚度级差的薄钢片组成的量规，如图 1-31所示。塞尺用于测量间隙尺寸。在检验被测尺寸是否合格时，可以用通止法判断，也可由检验者根据塞尺与被测表面配合的松紧程度来判断。塞尺一般用不锈钢制造，最薄的为 0.02 mm，最厚的为 3 mm。自 0.02～0.1 mm，各钢片厚度级差为 0.01 mm；自 0.1～1 mm，各钢片的厚度级差一般为 0.05 mm；自 1 mm 以上，钢片的厚度级差为 1 mm。塞尺使用前必须先清除塞尺和工件上的污垢与灰尘。使用时可用一片或数片重叠插入间隙，以稍感拖滞为宜。测量时动作要轻，不允许硬插，也不允许测量温度较高的零件。

二、工量具的保养和使用方法

在机件测量中，为了获得理想的精确度，除控制测量环境因素外，对工量具本身的使用与保养必须小心注意。因使用不当,会产生测量误差;保养不周,则会损其精度,更影响产品品质。

图 1-31 塞尺

(一)工量具使用前的准备

(1)开始量测前,确认工量具是否归零。

(2)检查工量具量测面有无锈蚀、磨损或刮伤等。

(3)先清除工件测量面上的毛边、油污或渣屑等。

(4)用清洁软布或无尘纸擦拭干净。

(5)需要定期检验记录簿,必要时再校正一次。

(6)将待使用的工量具及仪器整齐排列在适当位置,不可重叠放置。

(7)易损的工量具,测量时要用软绒布或软擦拭纸铺在工作台上(如光学平镜等)。

(二)工量具使用时应注意事项

(1)测量时与工件接触应适当,不可偏斜,要避免用手触及测量面,保护工量具。

(2)测量压力应适当,过大的测量压力会产生测量误差,容易对工量具造成损伤。

(3)工件的夹持方式要适当,以免测量不准确。

(4)不可测量转动中的工件,以免发生危险。

(5)不要将工量具强行推入工件中或夹虎钳上使用。

(6)不可任意敲击、乱丢或乱放工量具。

(7)特殊量具的使用,应遵照一定的方法和步骤。

(三)工量具使用后的保养

(1)使用后,应将工量具清洁干净。

(2)将清洁后的工量具涂上防锈油,存放于柜内。

(3)拆卸、调整、修改及装配等,应由专门管理人员实施,不可擅自施行。

(4)应定期检查储存工量具的性能是否正常,并做好保养记录。

（5）应定期检验,校验测量数值是否合格,以作为继续使用或淘汰的依据,并做成校验保养记录。

第六节　泵站常用金属与非金属材料

一、材料选择时应考虑的因素

（1）介质的腐蚀性。材料对介质的耐腐蚀性是有一定的范围的。例如耐酸钢 1Cr18Ni9,耐中、稀浓度的硝酸或有机酸的腐蚀,但是不耐稀硫酸的腐蚀。

（2）电化学腐蚀。泵的整个流道最好采用相同的金属材料。

（3）介质温度。材料在很低的温度下性脆,在高温时容易产生蠕变;某种材料能耐常温的某种介质的腐蚀,但是不耐高温时该介质的腐蚀;材料性能应能满足所输送介质温度的要求。

（4）经济性。在设计或使用中高材低用或耐腐蚀材料当不耐腐蚀材料使用都是不经济的。

（5）固体颗粒的耐磨性。介质中含有耐磨性的固体颗粒,应采用耐磨的材料。

（6）材料的咬合性。对于有相对运动的零件需考虑,如轴与轴套、螺栓与螺母、叶轮密封环与泵体密封环、平滑盘与平衡板等。

（7）同一零件上温差的大小。在工作时间同一位置的温度相差很大的零件,例如热油泵填料函冷却水套与泵体相接触的地方,与介质接触的泵体温度高,膨胀大;与冷却水接触的冷却套外周温度低,膨胀小。这样的零件宜采用塑性好的材料,以免运转中由于膨胀不同而产生裂纹。

（8）高速液流通过的地方。高扬程泵的叶轮叶片,导叶叶片进口边,单级扬程很高的轴密封,高扬程泵平衡套、平衡盘和平衡板等处应采用耐冲刷的材料(铬不锈钢或铬镍耐酸钢)。

（9）需要焊接的零件。在铸造、加工及使用过程中需要补焊的零件应用焊机性好的材料(例如低碳钢的焊接性比高碳钢好)。

（10）单级扬程高。单级扬程达到数百米甚至上千米的泵,叶轮及导叶的材料应采用耐冲刷、抗汽蚀的高强度钢,如沉淀硬化不锈钢等。

二、金属材料的应用

1. 几种特殊金属材料的大致应用情况

为了便于选择材料,将几种较特殊的金属材料的大致应用情况做如下介绍。

（1）高硅铸铁。有优异的耐腐蚀性,除高温盐酸、氢氟酸、卤素、苛性碱溶液、熔融碱及亚硫酸等外,可输送硫酸、硝酸、常温盐酸或脂肪酸等多种介质;缺点是强度不高、性脆;在使用中不宜骤热、局部加热或冷却;装配和拆卸时不能用铁锤敲打。

（2）稀土高硅球墨铸铁。稀土高硅球墨铸铁的石墨球化以后,提高了强度、耐腐蚀性能及加工性能,其耐腐蚀性比高硅铸铁好,除磨削外,还可以车削、钻孔、攻丝和补焊,适用介质同高硅铸铁。

(3) 1号耐硝酸硅铸铁。耐腐蚀性接近高硅铸铁,可以车削、车内外螺纹、钻孔和套丝。

(4) 耐碱铝铸铁。用于输送碱液。

(5) 铅锑合金。用于输送稀硫酸或浓度小于10%温度不高的盐酸等介质,铅锑合金强度不高。

(6) 1Cr13。用于防锈或输送防污染的介质。

(7) Cr17。输送一定浓度与温度下的硝酸、碱性溶液、无氯盐水、硝铵、醋酸、磷酸等。

(8) Cr28。用于输送浓硝酸。

(9) 1Cr18Ni9。用于输送稀、中浓度的硝酸或有机物。

(10) Cr18Ni12Mo2Ti。与1Cr18Ni9相似,特别适用于输送醋酸。

(11) ZGCr17Mo2CuR。用于输送碱性矿水,pH为2~4。

(12) ZGCr17Mn9NiMo2CuN。用于输送硝酸等氧化性介质,耐腐蚀性接近ZG1Cr18Ni9,材料机械性能高,适用于压力较高的场合。

(13) ZGCr17Mn13Mo2CuN。用来代替Cr18Ni12Mo2Ti。

(14) ZGCr17Mn9NiMo2CuN。用于输送氢氧化钠、磷酸、蚁酸、醋酸等介质,在硫酸中的耐腐蚀性特别好。

(15) 碳化硅硬质合金。碳化硅硬质合金是由硬度极高的难熔金属碳化物(碳化钨、碳化钛等)加黏结剂,用粉末冶金方法压制烧结成型。其特点是具有极高的硬度和强度,良好的耐磨性、耐高温性和一定的耐腐蚀性,线膨胀系数较低,因此广泛用来作摩擦副材料,如作机械密封摩擦副材料的有YG6、YG8、YG15等。这种材料的脆性大,硬度高,机械加工困难。此种材料能耐一般温度下的硫酸和氢氟酸以及沸点下的苛性钠等的腐蚀,不耐盐酸和硝酸的腐蚀。

(16) 堆焊硬合金。为了提高碳钢、铬钢、铬镍钢的硬度和耐磨性,采用在密封面上(软填料轴套的圆柱面、机械密封摩擦副端面、平衡盘的密封平面及某些采用不锈钢或耐酸钢垫的静密封面)堆焊硬质合金。目前比较广泛采用的是堆焊69A铬基焊条,用于要求耐磨、耐腐蚀或汽蚀的场合,且温度不超过500 ℃。堆焊硬质铝合金的工艺比较复杂,容易产生气孔、夹渣、表面硬度不均等缺陷,在使用中耐磨性不十分理想,有时出现龟裂,因此堆焊硬质合金的使用受到一定限制。软填料轴套和平衡盘在摩擦面上做其他热处理表面硬化;而机械密封端面则采用碳化钨硬质合金。

2. 各种不锈钢的用途和特性

固态金属及合金都是晶体,即其内部原子是按一定规律排列的,排列的方式一般有三种,即:体心立方晶格结构、面心立方晶格结构和密排立方晶格结构。金属是由多晶体组成的,它的多晶体结构是在金属结晶过程中形成的。组成铁碳合金的铁具有两种晶格结构:910 ℃以下为具有体心立方晶格结构的 α-Fe,910 ℃以上为具有面心立方晶格结构的 γ-Fe。如果碳原子挤到铁的晶格中去,而又不破坏铁所具有的晶格结构,这样的物质称为固溶液。碳溶解到 α-Fe 中形成的固溶液则称铁素体,它的溶碳能力极低,最大溶解度不超过0.02%。而碳溶解到 γ-Fe 中形成的固体溶液称为奥氏体,它的碳溶解度稍高,最高可达 2%。奥氏体是铁碳合金的高温相。钢在高温时所形成的奥氏体,过冷到 727 ℃以下时变成不稳定的过冷奥氏体。如以极大的冷却速度过冷到 230 ℃以下,这时奥氏体中的碳原子已无扩散可能,奥氏体将直接转变成一种含碳过饱和的 α 固溶体,称为马氏体。由于含碳量过饱和,引起马氏体强度和温度提高,塑性降低,脆性增大。不锈钢的耐腐蚀性主要来源于铬。实验证明,只有含铬量超过 12% 时,钢的耐腐蚀性能才会大大提高,因此,不锈钢中铬含量很少时,铬会使铁碳平衡图上的 Y 相区缩小,甚至消失,这种不锈钢为铁素体组织结构,加热时不发生相变,称为铁素体型不锈钢。当铬含量较低(但高于 12%),碳含量较高,合金从高温冷却时,极易形成马氏体,故称这类钢为马氏体型不锈钢。镍可以扩展 Y 相区,使钢材具有奥氏体组织。如果镍含量足够多,使钢在室温下也具有奥氏体组织结构,则称这种钢为奥氏体型不锈钢。

3. 常用不锈钢的耐腐蚀性能

(1) 304 不锈钢。一种通用性不锈钢,它广泛地用于制作要求具有良好综合性能(耐腐蚀和成型性)的设备和机件。

(2) 301 不锈钢。在变形时呈现出明显的加工硬化现象,被用于要求较高强度的各种场合。

(3) 302 不锈钢。实质上就是含碳量更高的 304 不锈钢的变种,通过冷轧可使其获得较高的强度。

(4) 302B 不锈钢。一种含硅量较高的不锈钢,它具有较高的抗高温氧化性能。

(5) 303 和 303Se 不锈钢。分别含有硫和硒的易切削不锈钢,主要用于要求易切削和表面光洁度较高的场合。303Se 不锈钢也用于制作需要热镦的机件,因为在这类条件下,这种不锈钢具有良好的可热加工性。

(6) 304L 不锈钢。含碳量较低的 304 不锈钢变种,用于需要焊接的场合。较低的含碳量使得靠近焊缝的热影响区中所析出的碳化物减至最少,而碳化物的析出可能导致不锈钢在某些环境中产生晶体间腐蚀(焊接腐蚀)。

(7) 304N 不锈钢。一种含氮的不锈钢,加氮是为了提高钢的强度。

(8) 305 和 384 不锈钢。含有较高的镍,其加工硬化率低,适用于对冷成型性要求高的各种场合。

(9) 308 不锈钢。用于制作焊条。

(10) 309、310、314 及 330 不锈钢。镍、铬含量都比较高,为的是提高钢在高温下的抗氧化性能和蠕变强度。而 30S5 和 310S 仍是 309 和 310 不锈钢的变种,所不同的只是含碳量较低,为的是使焊缝附近所析出碳化物减至最少。330 不锈钢有着特别高的抗渗碳能力和抗热震性。

(11) 316 和 317 型不锈钢。含有铝,因而在海洋和化工工业环境中的抗点腐蚀能力大大地优于 304 不锈钢。其中,316 型不锈钢有变种,包括低碳不锈钢 316L、含氮的高强度不锈钢 316N 以及含硫量较高的易切割不锈钢 316F。

(12) 321、347 及 348 不锈钢。分别以钛、铌加钽、铌稳定化的不锈钢,适宜作高温下使用的焊接构件。348 是一种适用于核动力工业的不锈钢,对钽和钴含量有着一定的限制。

4. 金属离子化程度

离子化强(易腐蚀) ←————→ 离子化弱(不易腐蚀)

K,Ba,Na,Ca,Mg,Al,Mn,Zn,Cr,Fe,Cd,Co,Ni,Sn,Pb,(H),Cu,Hg,Ag,Pt,Au

三、非金属材料的应用

1. 氟塑料

（1）聚四氟乙烯

其使用温度范围为$-180 \sim 250 \, ℃$。在耐腐蚀泵中经常用于制作各种静密封垫、圈等零件,也可同其他材料混合压制成导轴承。也可做成液氧泵密封环,用以防止金属摩擦而引起的爆炸。

（2）聚三氟氯乙烯

使用温度范围为$-80 \sim 150 \, ℃$。在泵中可以用作很好的防腐涂料,也可以直接做成耐腐蚀泵中过流部分的各种零件。

2. 氯化聚醚

使用温度可达$120 \, ℃$。在泵中可以作为很好的耐腐蚀涂料,也可以直接做成耐腐蚀泵中过流部分的各种零件。

3. 聚氯乙烯

硬聚氯乙烯在泵中可以做成承受压力不高的各种零件,用于过流部分零件时,适用于腐蚀性不强的介质。

4. 碳石墨

碳石墨具有优良的耐腐蚀性能及特别好的自润滑性能,摩擦系数和线膨胀系数较小,导热性好。缺点是强度低,气孔率大,因此在使用时常用其他材料进行填充以增加强度及不可透性,泵用的碳石墨经常用环氧树脂、酚醛树脂或呋喃树脂来进行浸渍。不透性石墨在泵中可用来制作轴承和机械密封中的密封环。

5. 橡胶

橡胶具有较好的弹性和一定的强度,并具有较好的气密封性、不透性,耐磨、耐热、耐腐蚀性能。在泵中可以做成各种静密封垫、圈等零件;硬橡胶可做成水润滑轴承;还可衬在泵中过流部分各零件的过流表面上,做成耐磨的衬胶杂质泵。泵常用到的特种橡胶有:丁腈橡胶、硅橡胶和氟橡胶。

丁腈橡胶耐油,硅橡胶耐高温($-60 \sim 200 \, ℃$),氟橡胶耐低温、高温、强腐蚀。

6. 玻璃钢

玻璃钢又名玻璃纤维增强塑料,它由树脂及其辅助材料和增强材料玻璃纤维所组成,通过热压而成型。泵上常用的是环氧玻璃钢和酚醛玻璃钢两种。玻璃钢的特点是重量轻、强度高,成型工艺简单,耐腐蚀,可用于泵上除轴以外的各种零件,使用温度可达$80 \, ℃$。

7. 陶瓷

陶瓷具有很高的硬度及耐磨性,除氢氟酸、氟硅酸及浓碱外,几乎能耐各种介质的腐蚀,是比较理想的机械密封摩擦副材料,但性脆,硬度高,机械加工困难。目前比较多的是采用氧化铝陶瓷,它有良好的导热性、机械强度、耐温性、耐温度急变性和耐磨性,且膨胀系数小,硬度比一般陶瓷都高。也有用金属陶瓷作为摩擦副材料的,这种陶瓷的塑性得到改善,强度提高,但耐腐蚀性受到一定影响。国产金属陶瓷的化学成分为 Al_2O_3(88%~92%),余量为 Fe、Cr、Ni 等,其硬度 HRA=84~88。

四、泵主要零件的材料

1. 轴材料选择(表1-2)

表1-2 常用轴材料选择

材料	一般特点	主要用途
碳素钢(35#)	最一般性材料	清水、污水
Cr 不锈钢	耐腐蚀材料	清水、污水
18-8 不锈钢	耐腐蚀性强	海水(小轴径)
35#钢用 0Cr18Ni9 轴套	耐腐蚀性强	海水(大轴径)

2. 叶轮材料选择(表1-3)

表1-3 常用叶轮材料选择

材料	允许圆周速度(m/s)	一般特点	主要用途
HT250	35	是低扬程泵的常用材料	清水
QT450-10	45	相比前面材料,强度及耐磨性均有提高	清水
高铬铸铁	35	耐腐蚀、耐磨性显著提高	含沙、水垢的水,含沙、水垢的海水
ZG225-450 ZG270-500	65	强度、耐冲击性非常好	清水、污水
ZCuPb4Sn8 CuPb2Sn10	45	最一般材料	清水、海水(低扬程)
CuSn11	45	耐磨性较好	清水、污水、海水
ZG1Cr13 ZG2Cr13	70	改变热处理条件,可调节硬度,同时还具有耐磨蚀性	清水、污水,含少量的砂或污垢的水
ZG0Cr18Ni9 (UN3)J95150	65	耐腐蚀性强,耐汽蚀性良好	海水、污水

3. 泵壳材料选择（表 1-4）

表 1-4 常用泵壳材料选择

零件名称	不耐腐蚀						耐中等腐蚀		酸性矿水	低温
使用条件	1.96 MPa	5.9 MPa			19.6 MPa	29.4 MPa	5.9 MPa	15.7 MPa	pH 2~4	5.9 MPa
	<150℃	-20~150℃	-45~-20℃	250~400℃		-45~180℃	-40~400℃	-45~150℃	常温	-110~45℃
泵体（前、中后段）	HT20-40	HT25-47		ZG25Ⅱ	ZG1Cr13	ZG1Cr13	ZGCr5Mo 或 ZG1Cr13	ZGCr5Mo 或 ZG1Cr13	ZGCr17Mn9Ni4Mo3 CuN 中段用	ZG1Cr18Ni9
导叶	HT20-40	HT25-47	ZGCr13	ZG25Ⅱ	ZGCr13	ZGCr17Ni 4 或 ZGoCr	ZGCr5Mo 或 ZG1Cr13	ZGCr5Mo 或 ZG1Cr13	ZGCr17Mo2CuR	ZG1Cr18Ni9
叶轮	HT20-40	HT25-47	ZG25Ⅱ	ZGCr13	ZGCr13	13Ni4MoR	ZGCr5Mo 或 ZG1Cr13	ZGCr5Mo 或 ZG1Cr13	ZGCr17Mo2CuR	ZG1Cr18Ni9
轴	45	45 或 40Cr		35CrMo	40CrV 或 35CrMo	40CrV 或 35CrMo	3Cr13		3Cr13	1Cr18Ni9 或 2Cr18Ni
泵壳密封环	HT20-40	40Cr		40Cr	40Cr		3Cr13			1Cr18Ni9
叶轮密封环	HT20-40	45（表面处理 HRC=45~52）					3Cr13（热处理 HRC=45~50）			耐磨聚四氟乙烯
轴套（软填料）	HT20-40	45（表面处理 HRC=45~52）					3Cr13（热处理 HBS=241~277）			1Cr18Ni9
轴套（机械密封）	45（表面镀铬）3Cr13（热处理 HBS=241~277）						2Cr13（表面处理 HRC=40~45）			
平衡盘	HT25-47	25 堆焊 TDCr<(50)C								
平衡板	HT25-47	19-4 或 45（HCR=40~）（表面处理 HRC=50~56）					ZQA19-4ZG3Cr13 （HRC=50~56）			
外筒	25	25				16Mn（与介质接触处堆焊铬不锈钢或奥氏付）	Cr5Mo			1Cr18Ni9
泵体螺栓	A3	45		35CrMo	40Cr		35CrMo		45	HP56-1 或 QA19-4
螺母	A3	45		40Cr	40Cr		40Cr		45	铜合金或 2Cr13
液体润滑轴承	石墨、聚四氟乙烯或铜合金									石墨、聚四氟乙烯

第二章　电工基础

第一节　直流电路基本概念

一、电路的组成

由电源、用电器、导线和开关等按一定方式连接起来组成的闭合回路,叫作电路,也叫电子线路或电气回路,简称网络或回路。

二、常用名词

(一) 电流

电荷的定向移动形成电流。例如金属导体中自由电子的定向移动,电解液中正负离子沿着相反方向的移动,阴极射线管中的电子流等,都是电流。习惯上规定正电荷移动的方向为电流方向,导体中电流的方向与自由电子的移动方向相反。

电流强度。每秒钟通过导体截面的总电量称为电流强度。我们通常所说的电流,实际上就是指电流强度,用符号 I 表示,基本单位是安培,符号为 A。

电流密度。导体单位面积电流的大小,称为电流密度。

(二) 电压

单位正电荷由高电位移向低电位时电场力对它所做的功或者说能够促使电流在导体中流动的压力叫作电压,用符号 U 表示,基本单位是伏特,符号为 V。

(三) 电阻

金属导体中的电流是自由电子的定向移动形成的。自由电子在运动中要跟金属正离子频繁碰撞,每秒钟的碰撞次数高达 1 015 次左右。这种碰撞阻碍了自由电子的定向移动,表示这种阻碍作用的物理量叫作电阻,用符号 R 表示,基本单位是欧姆,简称欧,符号为 Ω。

不但金属导体有电阻,其他物体也有电阻。导体的电阻是由它本身的物理条件决定的。金属导体的电阻是由它的长短、粗细、材料的性质和温度决定的。电阻任何时刻都是一种耗能元件。

（四）电阻率

截面为 1 m²，长度为 1 m 的导体，在 20 ℃时所具有的电阻值，称为电阻率，又叫电阻系数，是衡量物体导电性能好坏的一个物理量，用 ρ 来表示。

根据电阻率大小的不同把物体又分为导体、半导体、绝缘体三种。能很好传导电流的物体叫导体（电阻率为 $10^{-6} \sim 10^{-2}$ $\Omega \cdot m$），基本上不能传导电流的物体叫绝缘体（电阻率为 $10^{9} \sim 10^{22}$ $\Omega \cdot m$）。导电能力介于导体与绝缘体之间的物质，叫半导体。

绝缘体内部自由电荷增加就会使绝缘体向导体方向转化，失去绝缘体的作用，这种现象叫绝缘劣化。

同一导体在不同的温度下，它的电阻值是不相同的，因此常用电阻温度系数表示导体电阻随温度变化大小程度，用符号 α 表示，$R_2 = R_1[1 + \alpha(t_2 - t_1)]$。电阻率的倒数称为电导率。

（五）直流电

直流电（简称 DC），即方向不随时间发生改变的电流。为严格区分，直流电又有两种形态，一种是电流的大小是稳定的，方向也不随时间变化，称为恒定电流。它是直流电稳定的理想形态。如日常生活中，电池提供的电流就是直流电。另一种是方向不随时间做周期性变化，但电流的大小可能不稳定，会产生波形，如脉动电流。

（六）电功率

电流通过用电器时，电流要对用电器做功，即消耗电源的电能。单位时间内电流所做的功称为电功率，即

$$p = \frac{\mathrm{d}W}{\mathrm{d}t}$$

在 SI 制中，功率的单位是瓦特，符号为 W。

三、电路基本概念

（一）电流、电压、电阻三者之间的关系

试验表明，通过一段无源支路的电流、电阻及电阻两端所加的电压之间的关系，用欧姆定律反映其表达式为 $U = IR$，称为部分电路欧姆定律。

如果电路包括电源在内，电路中的电流与电源的电动势成正比，与电路中负载电阻及电源内阻之和成反比，称全电路欧姆定律，表达式为

$$I = \frac{E}{R + r_0}$$

式中：E 为电源电动势，V；R，r_0 分别为负载电阻和电源内阻，Ω；I 为电路中流过的电流，A。

（二）电流、电压、电阻与功率（P）的关系

电流、电压、电阻与功率（P）的关系可用公式表示为

$$P = IU = I^2R = \frac{U^2}{R}$$

（三）电流热效应

电流通过导体时由于自由电子的碰撞，电能不断转变为热能，这种电流通过导体而产生热的现象，称为电流的热效应。这些热能的大小可应用焦耳定律 $Q = I^2Rt$ 计算得出。由焦耳定律可知：载流导体中产生的热量 Q（称为焦耳热）与电流 I 的平方、导体的电阻 R、通电时间 t 成正比。

四、电路的状态

电路在工作时，按照其提供的电流大小，可分为通路、断路和短路。按照其提供的功率大小，可分为满载、空载和过载。

（一）负载状态

负载是电路中的常用元件，负载状态则是一般的有载工作状态，如图 2-1 所示，此时电路有以下特征。

（1）电路中电流为

$$I = \frac{U_S}{R_0 + R_L}$$

式中：R_0 为电源内阻，R_L 为负载电阻。

（2）电源的端电压为

$$U_1 = U_S - R_0 \cdot I$$

电源的端电压总是小于等于电源的电动势。

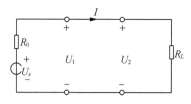

图 2-1　负载状态电路图

（3）电源输出的功率为

$$P_1 = U_1 \cdot I = (U_S - R_0 \cdot I) \cdot I = U_S \cdot I - R_0 \cdot I^2$$
$$P_2 = U_2 \cdot I = R_L \cdot I^2$$

电源输出的功率减去内阻消耗的功率等于负载获得的功率。

在电路中,负载电阻 R_L 越小,电路中电流越大,输出的功率也越大,这种情况叫作负载增大。显然,所谓负载大小指的是负载电流或功率的大小,而不是电阻阻值的大小。

(二)断路状态

当电路中开关断开时,称为断路状态,或开路状态,此时又称为空载。空载时,外电路所呈现的电阻可视为无穷大。如图 2-2 所示,此时电路有以下特征。

(1)电路中电流为零,即

$$I = 0$$

(2)电源的端电压等于电源电动势,即

$$U_1 = U_S - R_0 \cdot I = U_S$$

$$U_2 = R_L \cdot I = 0$$

(3)电源输出的功率为

$$P_1 = U_1 \cdot I = 0 \text{(负载吸收的功率为零)}$$

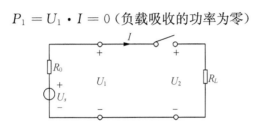

图 2-2　断路状态电路图

(三)短路状态

当电源的两个输出端钮由于某种原因(如电源线绝缘损坏或操作不慎等)相接触时,会造成电源被直接短路的情况。当电源直接短路时,外电路所呈现的电阻可视为零。如图 2-3 所示,此时电路有以下特征。

(1)电路内部电流最大,外电路电流为零,即

$$I_0 = \frac{U_S}{R_0}, I_L = 0$$

此电流称为短路电流。一般电源的内阻 R_0 都很小,故短路电流 I_0 很大,对电源很不利。

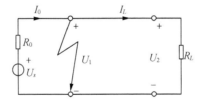

图 2-3　短路状态电路图

（2）电源的端电压与负载的端电压均为零，即

$$U_1 = U_S - R_0 \cdot I = 0, U_2 = 0$$

（3）电源对外输出的功率 P_1 和负载所吸收的功率 P_2 均为零。这时电源所输出的功率全部消耗在电源的内阻上，则

$$P_1 = U_1 \cdot I_1 = 0, P_2 = U_2 \cdot I_2 = 0, P_{U_S} = U_S \cdot I_0 = \frac{U_S^2}{R_0}$$

这种短路现象，会使电源内部迅速产生很大的热量，导致电源的温度迅速上升，有可能烧毁电源及其他设备，甚至引起火灾。电源的短路通常是一种严重的事故，应尽量避免。实际应用中通常在电源的输出端安装熔断器，以保护电源不受损坏。

第二节 复杂直流电路分析

在电子电路中，常会遇到由两个以上的有电源的支路组成的多回路电路，运用电阻串、并联的计算方法不能将它简化成一个单回路电路，这种电路称为复杂电路。基尔霍夫定律是用以解决复杂直流电路的基本定律，包括第一、第二两个定律。第一定律称为电流定律；第二定律称为电压定律。这两个定律都是以大量实践为依据，经过无数试验证明的。

一、支路、节点和回路

（1）支路。由一个或几个元件首尾相接构成的无分支电路。在同一支路内，流过所有元件的电流相等。如图 2-4 所示，R_1 和 E_1 构成一条支路；R_3 和 E_2 构成另一条支路。

（2）节点。三个或三个以上支路的汇交点叫节点。如图 2-5 所示的 A、B、C、D 四点都是节点。

（3）回路。电路中任一闭合路径称为回路。一个回路可能只含一条支路，也可能包含几条支路。如图 2-5 中的 $AR_1BR_gDR_4A$ 和 AR_1BR_3CEA 都是回路。

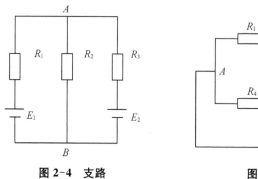

图 2-4 支路

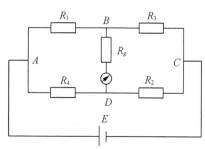

图 2-5 节点回路

二、基尔霍夫电流定律（KCL）

基尔霍夫电流定律也称基尔霍夫第一定律。它是基于电荷守恒原理和电流的连续性,用来确定连接于同一节点的各支路电流之间关系的定律。

KCL 的具体内容是:任一瞬间,流入任一节点的电流之和等于流出该节点的电流之和。或者说,在任一瞬间,任一节点上的电流的代数和恒等于零。若规定参考方向:向着节点的电流取正号,背着节点的就取负号。

根据计算的结果,有些支路的电流可能是负值,这是由于所选定的电流的参考方向与实际方向相反造成的。

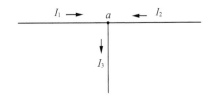

图 2-6　节点 a 上的电流关系

在图 2-6 所示的电路中,对于节点 a 根据 KCL 可列方程为

$$I_3 = I_1 + I_2$$

整理成
$$I_1 + I_2 - I_3 = 0$$

即
$$\sum I = 0$$

基尔霍夫电流定律不仅适用于节点,还可以推广应用于电路中任一假定的闭合面。如图 2-7 所示的晶体管中,画虚线的部分看作一个假想的闭合面,根据基尔霍夫电流定律有

$$I_E = I_C + I_B$$

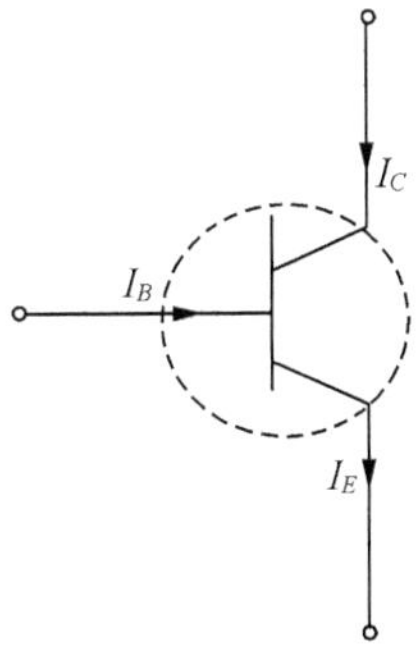

图 2-7　KCL 的推广应用

三、基尔霍夫电压定律（KVL）

基尔霍夫电压定律也称基尔霍夫第二定律，它描述了电路中任一闭合回路中各部分电压间的关系，它只适用于回路。

KVL 的具体内容是：任一瞬间，沿任一闭合回路绕行一周，各部分电压的代数和恒等于零。或者说，在任一瞬间，沿着闭合回路的某一点，按照一定的方向绕行一周，各元件上的电位降之和等于电位升之和。

在图 2-8 所示电路中，带有数字标号的方块表示电路中元件，在回路中，沿顺时针方向绕行一周，如果规定电位降为正号，则电位升为负号。根据 KVL 可列方程

$$u_3 = u_1 + u_2 + u_4$$

整理得

$$u_1 + u_2 + u_4 - u_3 = 0$$

即

$$\Sigma U = 0$$

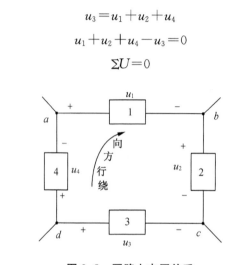

图 2-8　回路上电压关系

四、电阻的串、并联

（一）电阻的串联

各种元件都可以进行串联和并联。如果把电路中的电阻一个个成串地连接起来，中间无分岔支路，使电流只有一条通路，则这样的连接法就称为电阻的串联。图 2-9 所示为 R_1 和 R_2 两个电阻串联的电路。

图 2-9 中的串联电路接通后，在电源 U 的作用下将产生电流 I。在电路中流过导线、R_1 和 R_2 的电流都是同一电流 I，我们常根据这一特征来分析电阻是不是串联。

通过测量，可以得出串联电路的如下特点。

（1）电路接通后，由电流的持续性原理可知，在电路中任何地方电荷都不会聚集，所以各串联电阻中流过的电流是相同的。串联电路中各处的电流强度相等，即 $I = I_1 = I_2$。

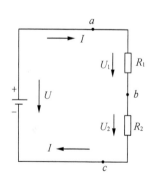

图 2-9　电阻的串联

要证实上面的结论,可在电路中任意找几点串联电流表,测得的电流值是一样的。

(2) 电流通过电阻 R_1 及 R_2 要产生电压降。

分电压:$U_1=U_{ab}=V_a-V_b$,$U_2=U_{bc}=V_b-V_c$;

总电压:$U=U_{ac}=V_a-V_c$,也即 $U=V_a-V_b+V_b-V_c=U_{ab}+U_{bc}$。

说明串联电路中总电压等于各部分电压之和,即 $U=U_1+U_2$。

(3) 若干个电阻串联,可用一个等效电阻来代替,等效电阻等于各串联电阻之和,即 $R=R_1+R_2$。如果有 n 个相同电阻 R_0 串联,则等效电阻 $R=nR_0$。

电阻串联的应用较多,例如两只相同的 110 V 的灯泡可以串联起来接在 220 V 的电源上使用,当负载的额定电压低于电源电压时,可以串联一个电阻,降低一部分电压,以满足负载接入电源使用的需要。另外,在电工测量中还广泛使用串联的方法来扩大电表的电压量程。

【例 1】 有一盏弧光灯,额定电压 $U=40$ V,正常工作时的电流 $I=5$ A,应该怎样把它连入 $U=220$ V 的照明电路中?

解:直接把弧光灯连入照明电路是不行的,因为照明电路的电压比弧光灯额定电压高。根据串联电路的总电压等于各个部分电压之和的原理,可以在弧光灯上串联一个适当的电阻 R_2,分掉多余的电压。

要分掉的电压 $U_2=U-U_1=180$ V,R_2 与弧光灯的电阻串联,弧光灯正常工作时,R_2 通过的电流也是 5 A,所以

$$R_2=\frac{180}{5}=36(\Omega)$$

由此看出,串联电阻分担一部分电压,使额定电压低的用电器能够接到电压高的线路上使用,串联电阻的这种作用叫分压作用。

(二) 电阻的并联

在电路中,若几个电阻分别连接在两个点之间,并承受同一电压,这种连接方法叫电阻并联,如图 2-10 所示。

电路中的每一分支称为支路。一条支路流过一个电流,称为支路电流。

电路中三条或三条以上支路的汇合点称为节点,图 2-10 中有三条支路,支路电流有 I_1、I_2、I_3 三个,节点有 a 和 b 两个。

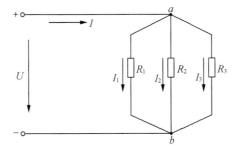

图 2-10　电阻的并联

同一电路上的各个用电器,通常都是采用并联接法,并联电路有如下特点。

(1)各并联支路都是并联在 a、b 点之间的,因此各支路电压都是同一电压,即等于总电压,如 R_1 两端电压为 U_1,R_2 两端电压为 U_2,R_3 两端电压为 U_3,则 $U=U_1=U_2=U_3$。

(2)根据能量守恒定律,整个电路上消耗的总功率等于各支路上消耗的功率之和,即 $P=P_1+P_2+P_3$。

(3)并联电路的总电流等于各支路电流之和,即 $I=I_1+I_2+I_3$。

(4)几个电阻并联时,也可以用一个等效电阻来代替。根据上两个特点可得如下关系式:

$$I = \frac{U_1}{R_1} + \frac{U_2}{R_2} + \frac{U_3}{R_3} = U\left(\frac{1}{R_1} + \frac{1}{R_2} + \frac{1}{R_3}\right)$$

因此

$$\frac{1}{R} = \frac{1}{R_1} + \frac{1}{R_2} + \frac{1}{R_3}$$

上式表示在并联电路中,总电阻的倒数等于各电阻的倒数之和。如果 $R_1=R_2=R_3$,则总电阻为 $R = \frac{1}{3}R_1$,说明并联的电阻越多,总电阻就越小,电源供给的电流就越大。

若电路中既有电阻的串联,又有电阻的并联,则把这样的电路叫电阻的混联电路,如图 2-11 所示。在计算混联电路的电阻时,可以先求出 R_1 与 R_2 并联电阻,然后再与 R_3 串联,最后求出总电阻。

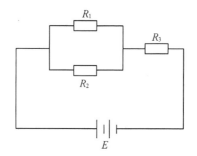

图 2-11　混联电路

第三节　交流电基本概念

直流电的特点是:电动势、电压和电流的大小和方向都不随时间改变。如图 2-12 中的直流电源是干电池,它的碳棒是正极,锌皮是负极。电流总是从正极流向负极,方向不变,大小也不变,所以称为直流电。如果用电流表测出电流大小为 0.15 A,用一图形把它画出来,如图 2-13 所示。当横坐标为时间,纵坐标为电流时,它将是一条和横坐标平行的直线。

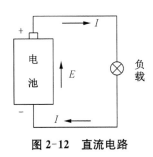

图 2-12 直流电路

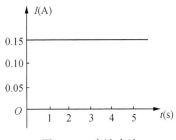

图 2-13 直流电流

交流电(简称 AC)特点是:其电动势、电压和电流的大小和方向都随着时间按一定规律呈周期性的变化,是时间的函数。如图 2-14 中交流电源的电动势的方向不断改变,所以电路中的电流也就不断改变它的方向。

随时间按正弦规律变化的电流称为正弦交流电,正弦交流电流也可用图形表示出来,如图 2-15 所示。从图上可以看出电流的大小随时间变化的情况。横轴以上的各瞬间电流值是正值,表示电流的实际方向和正方向一致;而在横轴以下的各瞬间电流值为负值,表示电流的实际方向和正方向相反。同样,正弦电动势或电压的波形均为正弦曲线。这种变化的波形可用示波器显示出来。

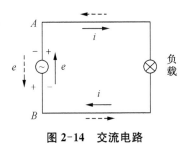

图 2-14 交流电路

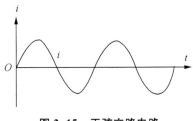

图 2-15 正弦交路电路

我们日常所使用的市电均为正弦交流电,简称交流电,其电流瞬时值表达式为

$$i = I_m \sin(\omega t + \varphi)$$

$$\omega = 2\pi f$$

式中:I_m 为交流电的最大值或幅值,它是交流电在整个变化过程中所能达到的最大值;$\omega t + \varphi$ 为交流电的相角或相位,当 $t=0$ 时,相角为 φ,称为初相角,简称为初相位,可以用度或弧度来表示,两个同频率的正弦量的初相位之差称为它们的相角差或相位差,相角差为零的两个正弦量,称之为同相;ω 为角频率,它是反映正弦量变化快慢的要素;f 为频率,市电为 50 Hz(赫兹);T 为周期,$T = \dfrac{1}{f}$,市电周期为 0.02 s。

I_m、ω、φ 称为正弦量的三要素。

在交流电作用下的电路称为交流电路。

日常生活和工农业生产中广泛应用的交流电,一般都是指正弦交流电。因此正弦交流电路是学习电工专业相关知识的基础,我们要了解正弦交流电的产生,理解正弦交流电的特征,掌握正弦交流电的各种表示法。

一、交流电的有效值和平均值

交流电的电流与电压都是随时间按正弦规律变化的。为了确切地衡量其大小,在实际运用中,常在同一电阻中分别通入直流电流与交流电流,在相同的时间内,若它们在电阻上产生等同的热效应,则将该直流电流的大小作为交流电流的有效值 I,用下式表达:

$$I = \sqrt{\frac{1}{T} \int_0^T i^2 \, \mathrm{d}t}$$

有效值又称为均方根值,正弦交流电的有效值为

$$I = \frac{I_m}{\sqrt{2}} = 0.707 I_m$$

在日常运用中,若无特殊说明,凡是讲交流电压、交流电流都是指有效值。交流仪表上的电压、电流指示的也均为有效值。电气设备铭牌上的额定值都是有效值。最大值为仪表读数的 $\sqrt{2}$ 倍。电气设备耐压值按最大值来考虑。

平均值:交流电流的平均值 I_a 是指一个周期内绝对值的平均值,也就是正半周内的平均值。正弦交流电的平均值为

$$I_a = \frac{2}{\pi} I_m = 0.637 I_m$$

二、正弦交流电路的基本概念

在交流电路中,交流电(包括电流、电压、电动势)的大小和方向随时间的变化而变化,而交流电与直流电的区别就在于直流电(电流、电压、电动势)的大小和方向不随时间而变化。

在工农业生产和日常生活中,广泛应用的是交流电,这是因为交流电有很多优点。例如,可以用变压器很方便地把交流电压升高或降低,解决了高压输电和低压配电之间的矛盾,降低了高压输电的线路损耗,提高了经济效益,亦使低压配电时更安全可靠。另外,交流电气设备比直流电气设备构造简单、造价低廉、坚固耐用、维修方便。所以,交流电在现代工农业生产和人民生活中都占有很重要的地位。

(一)交流电的周期和频率

正弦交流电随时间不断地由正到负进行交变,这种交变电流变化速度可调,用周期和频率可表示交流电变化的速度。

按正弦规律变化的交流电完成一次正、负的交变称为一个周波,而经过一周波变化所需的时间叫作周期,通常用 T 表示,如图 2-16 所示。T 的单位是 s(秒)。交流电在 1 s 内完成的周期性变化的次数叫作交流电的频率,频率用 f 表示,单位是 Hz(赫)。

根据定义,周期和频率互为倒数 $T = \dfrac{1}{f}$ 或 $f = \dfrac{1}{T}$。

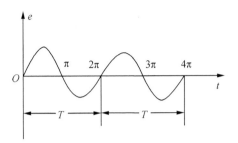

图 2-16　正弦交流电的周期

我国工农业生产和日常生活用的交流电,周期是 0.02 s,频率是 50 Hz。

正弦交流电除了用周期或频率来表示外,还可用角频率表示。由于正弦量在一周期 T 内的电角度变化是 2π 弧度或 $360°$,且交流电每秒所变化的角度(电角度)叫作交流电的角频率,用 ω 表示,单位是 rad/s(弧度/秒),则根据定义

$$\omega = \frac{2\pi}{T} = 2\pi f$$

(二)正弦交流电的值

因为正弦交流电的电动势(或电压、电流)是随时间按正弦规律变化的,所以每一时刻的值是不同的。

(1)瞬时值。正弦交流电在某一瞬间的值。电动势、电压和电流的瞬时值分别用小写字母 e、u 和 i 表示。

(2)最大值。正弦交流电中最大的瞬时值,或称峰值、振幅。电动势、电压和电流的最大值分别用 E_m、U_m 和 I_m 表示。

(三)正弦交流电的有效值(平均值)

假如将正弦交流电流和直流电流分别通过阻值相同的电阻,如果在相同的时间内,这两种电流产生相同的热量,就把这时的直流电流的数值称为交流电流的有效值。即交流电流的有效值是由交流电流在电路中的热效应来决定的。对于正弦交流电流来说,只要计算一个周期的有效值与振幅即可。因为在一个周期所产生的热量可以看作是若干个瞬间电流所产生的热量之和,所以交流电流的有效值,等于一个周期内瞬时电流的平均值,则有效值又称为平均值。

与之相应的交流电动势和交流电压,也和交流电流一样计算有效值。

通过计算得到,正弦交流电的电流、电压以及电动势的有效值均为其最大值的 $1/\sqrt{2}$,或近似为 0.707 倍。有效值的符号分别用 I、U、E 表示,其关系式为

$$\begin{cases} I = \dfrac{I_m}{\sqrt{2}} = 0.707I_m \\[2mm] U = \dfrac{U_m}{\sqrt{2}} = 0.707U_m \\[2mm] E = \dfrac{E_m}{\sqrt{2}} = 0.707E_m \end{cases}$$

通常所说照明电路的电源电压为 220 V、电动机的电源电压为 380 V,以及用电表测量出来的电流、电压数值都是指有效值。一切交流电器、电机产品铭牌上的额定电压、额定电流等也指的是有效值。

已知有效值求最大值时,只要将有效值乘上 $\sqrt{2}$ 即可。如有效值 220 V 的最大值为 $220\sqrt{2} = 311(\mathrm{V})$。

【例 2】 已知 $i = 9\sqrt{2}\sin\omega t(A)$。当用电流表测此电流时,问应选多大量程的电流表?

解:根据有效值与最大值的关系

$$I = I_m/\sqrt{2} = 9\sqrt{2}/\sqrt{2} = 9(A)$$

选一只 0~10 A 的电流表即可。

(四)正弦交流电的相位、初相和相位差

对感应电动势的计算是有一定条件的,即线圈在 $t=0$、$n=a$ 时开始转动。实际上,正弦交流电的循环变化是连续进行的,起点不一定从中性面开始。假设 $t=0$ 时,而 $a=\varphi$,则线圈中产生的感应电动势为

$$e = E_m\sin(\omega t + \varphi)$$

式中,最大值 E_m 和角频率 ω 这两个要素,从整体上反映了感应电动势循环变化的幅度和快慢,不能反映某一瞬间的状态。$\omega t+\varphi$ 这个角度是随时间变化而变化的,e 也随之不同。这个角度每增加 360°,e 就重复原先的数值。

(1)相位。确定感应电动势每一瞬间数值的电角度($\omega t+\varphi$),叫作相位(或相位角)。相位反映了感应电动势每一瞬间的大小、方向及处于增大还是减小的状态。

(2)初相。线圈开始转动瞬间($t=0$ 时)所处的电角度 φ 叫作初相(或初相位、初相角)。

(3)相位差。两个相同频率的正弦交流电的初相位之差。例如 e_1 的初相位为 φ_1,e_2 的初相位为 φ_2,当二者的频率相同时,其相位差为

$$\varphi = \varphi_1 - \varphi_2$$

分析上式有以下四种情况。

(1)同相:$\varphi_1=\varphi_2$,$\varphi=0$ 时,即两个正弦交流电同时达到零值或最大值。

(2)反相:$\varphi=180°$时,即一个达到正的最大值时,另一个达到负的最大值。

（3）超前：如 $\varphi_1 > \varphi_2$ 时，即 φ_1 提前达到零值或最大值，φ_1 叫作超前角。

（4）滞后：如 $\varphi_1 < \varphi_2$ 时，φ_1 随后达到零值或最大值，φ_1 叫作滞后角。

在正弦交流电中，两个交流电动势之和不是代数和而是矢量和，这对相位差的研究是极为重要的。

第四节　三相电路的计算

一、三相交流电计算

三相交流电是由三个频率相同、初相位不同的电压源作为电源供电的体系。由三个同频率、等幅值、初相依次相差 120°的正弦电压源按一定方式连接而成的这组电压源称为对称三相电源，否则称为不对称三相电源。

工程上常把每相电源用 $A-X$、$B-Y$、$C-Z$ 来标记电源的正、负极性，每一个电压源称为一相，分别记为 A 相、B 相、C 相，其瞬时值表达式为（以 u_A 为参考正弦量）

$$u_A = U_m \sin \omega t$$

$$u_B = U_m \sin(\omega t - 120°)$$

$$u_c = U_m \sin(\omega t - 240°)$$

对称的三相电源的电压瞬时值之和为零，即 $u_A + u_B + u_C = 0$。

三相电源中，各相电压经过同一值的先后次序称为三相电源的相序。如果第一相比第二相超前，第二相又比第三相超前，则称这种相序为正序或顺序。反之，第一相比第二相落后，第二相又比第三相落后，则称这种相序为反序或逆序。若无特别说明，三相电源均指正序。在实际工作中，常用相序表来检查三相电源的相序。一些设备相序是绝对不能接反的，如潜水泵，它在制造中设置了反抬装置，防止水泵反转，一旦水泵反转将会损坏设备。

二、三相负载连接

在三相电路中常见的对称三相电源一般连接成星形或三角形。

三相电路中，电源是对称的，而各相的负载阻抗可以相同，也可以不同。前者称为对称三相负载，后者称为不对称三相负载。三相负载有两种连接方式：当各相负载的额定电压等于电源的相电压时，称星形连接（也称 Y 形接法）；而各相负载的额定电压与电源的线电压相同时，称三角形连接（也称△形接法）。下面分别讨论星形连接和三角形连接的三相电路计算。

（一）三相负载的星形连接

图 2-17 表示三相负载的星形连接，点 N' 叫作负载的中点，因有中性线 NN'，所以是

三相四线制电路。图中通过火线的电流叫作线电流,通过各相负载的电流叫作相电流。显然,在星形连接时,某相负载的相电流就是对应的火线电流,即相电流等于线电流。

因为有中性线,对称的电源电压 u_A、u_B、u_C 直接加在三相负载 Z_A、Z_B、Z_C 上,所以三相负载的相电压也是对称的。各相负载的电流为

$$I_A = \frac{U_A}{|Z_A|} \quad I_B = \frac{U_B}{|Z_B|} \quad I_C = \frac{U_C}{|Z_C|}$$

各相负载的相电压与相电流的相位差为

$$\varphi_A = \arctan\frac{X_A}{R_A} \quad \varphi_B = \arctan\frac{X_B}{R_B} \quad \varphi_C = \arctan\frac{X_C}{R_C}$$

式中:R_A、R_B 和 R_C 为各相负载的等效电阻;X_A、X_B 和 X_C 为各相负载的等效电抗(等效感抗和等效容抗之差)。中性线的电流,按图 2-17 所选定的参考方向,如果用向量表示,则

$$\dot{I}_N = \dot{I}_A + \dot{I}_B + \dot{I}_C$$

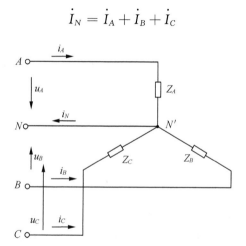

图 2-17 负载星形连接的三相四线制电路

(二)三相负载的三角形连接

图 2-18 表示三相负载的三角形连接,每一相负载都直接接在相应的两根火线之间,这时负载的相电压就等于电源的线电压。不论负载是否对称,它们的相电压总是对称的,即

$$U_{AB} = U_{BC} = U_{CA} = U_L = U_P$$

负载三角形连接时,相电流和线电流是不一样的。各相负载的相电流为

$$I_{AB} = \frac{U_{AB}}{|Z_{AB}|} \quad I_{AB} = \frac{U_{AB}}{|Z_{AB}|} \quad I_{AB} = \frac{U_{AB}}{|Z_{AB}|}$$

各相负载的相电压与相电流之间的相位差为

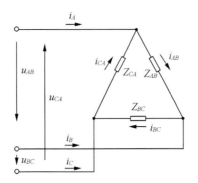

图 2-18 负载三角形连接的三相电路

$$\varphi_{AB} = \arctan \frac{X_{AB}}{R_{AB}} \quad \varphi_{BC} = \arctan \frac{X_{BC}}{R_{BC}} \quad \varphi_{CA} = \arctan \frac{X_{CA}}{R_{CA}}$$

负载的线电流可以写为

$$\left. \begin{aligned} \dot{I}_A &= \dot{I}_{AB} - \dot{I}_{CA} \\ \dot{I}_B &= \dot{I}_{BC} - \dot{I}_{AB} \\ \dot{I}_C &= \dot{I}_{CA} - \dot{I}_{BC} \end{aligned} \right\}$$

如果负载对称，即

$$R_{AB} = R_{BC} = R_{CA} = R \quad X_{AB} = X_{BC} = X_{CA} = X$$

由于各相负载的相电流就是对称的，则

$$I_{AB} = I_{BC} = I_{CA} = I_P = \frac{U_P}{|Z|}$$

式中：

$$|Z| = \sqrt{R^2 + X^2}$$

$$\varphi_{AB} = \varphi_{BC} = \varphi_{CA} = \varphi = \arctan \frac{X}{R}$$

此时可根据相量图（图 2-19）看出，三个线电流也是对称的。它们与相电流的相互关系是

$$\frac{1}{2} I_A = I_{AB} \cos 30° = \frac{\sqrt{3}}{2} I_{AB}$$

即

$$I_A = \sqrt{3} I_{AB}$$

$$I_L = \sqrt{3} I_P$$

计算对称负载三角形连接的电路时,常用的关系式为

$$U_L = U_P$$

$$I_L = \sqrt{3} I_P$$

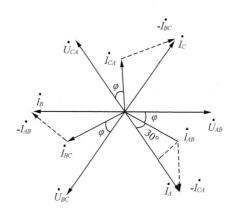

图 2-19 对称负载三角形连接时电压与电流的相量图

三相负载接成星形,还是接成三角形,决定于以下两个方面:

(1) 电源电压;

(2) 负载的额定相电压。

例如,电源的线电压为 380 V,而某三相异步电动机的额定相电压也是 380 V,电动机的三相绕组就应接成三角形,此时每相绕组上的电压就是 380 V。如果这台电动机的额定相电压为 220 V,电动机的三相绕组就应接成星形了,此时每相绕组上的电压就是 220 V,否则,若误接成三角形,每相绕组上的电压为 380 V,是额定值的 $\sqrt{3}$ 倍,电动机将被烧毁。

三相电路,就是由三角形或星形这种形式的三相电源和三相负载用输电线(端线)连接起来所组成的系统。

三、功率及功率因数

(一)正弦电路的功率与功率因数

输入任何无源一端口网络的瞬时功率 P,等于加在端口两端电压与电路中的电流的乘积,即 $P = ui$。当 $P > 0$ 时,电路从外部吸取能量;当 $P < 0$ 时,电路向外送出能量。

我们通常所说的正弦电流电路的功率,是指一个周期内的平均功率,又称有功功率,用 P 表示,$P = UI\cos\varphi$,它代表这段电路实际所消耗的平均功率,表明有功功率不仅与加在这一端口网络的电压、电流的乘积有关,而且还与它们之间的相位差有关,$\cos\varphi$ 称为这一端口网络功率因数。

当该网络负载为纯电阻负载,$\cos\varphi = 1$,$\varphi = 0°$,$P = UI$ 时,该网络纯消耗功率。当 $\varphi = 90°$ 或 $-90°$ 时,电路为纯电容性负载,$\cos\varphi = 0$,$\sin\varphi = \pm 1$。当 $\varphi = -90°$ 时,电容吸收的平均功

率 $P_C = UI\cos\left(-\dfrac{\pi}{2}\right) = 0$，电容储存电场能量为 $W_C = \dfrac{1}{2}CU^2$，电场能量只在电容与外部回路之间来回交换。当 $\varphi = 90°$ 时，$P_C = UI\cos\dfrac{\pi}{2} = 0$，电感储存磁场能量为 $W_L = \dfrac{1}{2}Li^2$，电流为正弦函数，在一个周期内磁场能量与外部电路来回交换。只有当 φ 既不是 $0°$，也不是 $\pm 90°$，网络中的负载既有电阻负载，也有电感或电容时，$P = UI\cos\varphi$，P 称为有功功率。相对于有功功率，在工程上引进了一个无功功率的概念，其表达式为 $Q = UI\sin\varphi$，单位简称乏（Var）。无功功率的存在反映出电路有储能元件。

视在功率为加在无源端口网络点的电流与电压乘积。视在功率的大小为 $S = UI$，单位为伏安（VA）。视在功率与有功功率、无功功率之间的关系为

$$S^2 = P^2 + Q^2 \Rightarrow S = \sqrt{P^2 + Q^2}$$

$$\tan\varphi = \dfrac{Q}{P} \Rightarrow Q = P\tan\varphi$$

上式对研究功率因数补偿很重要。

各种电机、电器设备的容量是由它们的铭牌上的额定电流和额定电压的乘积来决定的。

（二）对称的三相电路功率与功率因数

在三相三线制电路中，三相负载所吸收的平均功率等于各相平均功率之和，即 $P = P_A + P_B + P_C = U_{\phi A}I_{\phi A}\cos\varphi_A + U_{\phi B}I_{\phi B}\cos\varphi_B + U_{\phi C}I_{\phi C}\cos\varphi_C$。

$U_{\phi A}$、$U_{\phi B}$、$U_{\phi C}$、$I_{\phi A}$、$I_{\phi B}$、$I_{\phi C}$ 分别是三相电压与电流，φ_A、φ_B、φ_C 为相电压与相电流之间的夹角。

对称的三相制中，各相负载吸收的平均功率相等，即可写为 $P = 3P_A = 3P_B = 3P_C = 3U_\phi I_\phi \cos\varphi$。

负载在任何一种接法下，$3U_\phi I_\phi = \sqrt{3}\,U_1 I_1$，所以 $P = \sqrt{3}\,U_1 I_1 \cos\varphi$。

同理，三相无功功率：$Q = Q_A + Q_B + Q_C = 3U_\phi I_\phi \sin\varphi = \sqrt{3}\,U_1 I_1 \sin\varphi$；视在功率：$S = \sqrt{P^2 + Q^2} = \sqrt{3}\,U_1 I_1$；功率因数：$\cos\varphi = \dfrac{P}{S}$。

在三相三线制中，无论负载对称与否，都能够使用两个功率表的方法来测量三相功率，即 $P = P_1 + P_2$，而三相四线制不能用此法。

在相同的线电压下，负载三角形连接时的有功功率是星形连接时的三倍。无功功率和视在功率也同样如此。

第五节　电磁感应的基本概念

一、磁铁的基本知识

磁铁具有吸铁的性质称为磁性。任何一磁铁均有 N 极（北极）与 S（南极）两个磁极。

磁铁的两端磁性最强、中间磁性最弱。磁铁同性磁极相斥,异性磁极相吸。

传递实物间磁力作用的场称为磁场。为了形象化表述磁场的存在,常用磁力线来描绘磁场。磁力线是一组互不相交的封闭的连续不断的回线。磁铁内部的磁力线由S极出发到N极,外部由N极出发到S极。磁力线密的地方,磁场强;磁力线疏的地方,磁场弱。

使不带磁性的材料具有磁性的过程称为磁化。可被磁化的材料称为铁磁材料。铁磁性材料分为两种,一种是一经磁化磁性不易消失(称为剩磁)的物质,叫硬磁材料,用作永久磁铁;一种是剩磁极弱的物质,叫软磁材料。

铁磁性材料的磁特性的外部表现,一般用磁感应强度 B 和磁场强度 H 关系曲线 B-H 磁化的磁滞回线来反映。铁磁性材料磁化过程是能较全面体现铁磁性物质磁化特点的一种典型磁化过程。

一个具体磁性器件中铁芯的磁化过程不仅与铁磁性材料本身有关,还与激磁电流的大小及其变化情况有关。

磁滞回线较窄者,磁导率较大,矫顽力小,称为软磁材料;磁滞回线较宽者,矫顽力大,剩磁也大,称为硬磁材料。软磁材料一般用来作电机、变压器、电磁铁、继电器等电磁设备的铁芯。硬磁材料主要用来制造永久磁铁。磁导率 μ 是衡量磁介质导磁能力的物理量。

二、电流的磁效应

电流的磁效应即磁场对通电导体的作用。载流导体周围存在着磁场,即电流产生磁场(电能生磁),称为电流的磁效应。电流的磁效应使我们能够容易地控制磁场的产生和消失,在生产实践中有很重要的意义。

通电导线周围磁场的方向可用右手定则来判断。

(1)通电直导线磁场方向。用右手握住导线,大拇指指向电流的方向,则其余四指所指的方向就是磁场方向。

(2)通电线圈磁场方向。将右手大拇指伸直,其余四指沿着电流方向握住线圈,则大拇指所指方向就是线圈内部的磁场方向。

通电导线产生的磁场是一个有大小和方向的量,是一个矢量,常用磁感应强度来描述,可以通过毕奥萨伐尔定律计算出量的大小。

$$\mathrm{d}\vec{B} = \frac{\mu_0}{4\pi} \frac{Id\vec{l} \times \vec{r}}{r^2} = \frac{\mu_0}{4\pi} \frac{Idl \cdot \sin\theta}{r^2}$$

式中：$Id\vec{l}$ 为电流元；$\mathrm{d}\vec{B}$ 为电流元在某一场点产生的磁感应强度；$\vec{r}$ 为是由电流元指向某一场点的矢径；μ_0 为真空磁导率,$\mu_0 = 4\pi \times 10^{-7} \mathrm{N \cdot A^{-2}}$；$\theta$ 为某一场点方向与电流元方向的夹角。

由磁场强度叠加原理(电流产生的磁场为组成该电流所有电流元产生的磁场矢量和)可知,任意载流导线(或线圈)产生的磁场强度为

$$\vec{B} = \oint \mathrm{d}\vec{B} = \frac{\mu_0}{4\pi} \oint \frac{Id\vec{l} \times \vec{r}}{r^2}$$

试验证明:通电导线在磁场中会受到力的作用,这种力叫作电磁力或电动力。电动机

和磁电仪表就是应用这个原理制成的。

通电导线在磁场中受力的方向,可以应用左手定则来确定,即伸出左手使磁力线垂直穿过掌心,伸直的四指方向与导体中电流方向一致,则与四指垂直的大拇指所指的方向就是导体的受力方向,其受力大小可用下式计算:

$$F = IBl\sin\alpha$$

式中:F 为导体在磁场中受到的电磁力,N;I 为导体中通过的电流,A;B 为导体所处磁场的磁感应强度,T;l 为导体的长度,m;α 为导体与磁场方向间的夹角,°。

三、电磁感应

电磁感应现象是指放在变化磁通量中的导体,会产生电动势。此电动势称为感应电动势或感生电动势,若将此导体闭合成一回路,则该电动势会驱使电子流动,形成感应电流(感生电流)。电磁感应是指因为磁通量变化产生感应电动势的现象。电磁感应现象的发现,是电磁学领域中最伟大的发现之一。它不仅揭示了电与磁之间的内在联系,而且为电与磁之间的相互转化奠定了实验基础,为人类获取巨大而廉价的电能开辟了道路,在实用上有重大意义。电磁感应现象的发现,标志着一场重大的工业和技术革命的到来。事实证明,电磁感应在电工、电子技术、电气化、自动化方面的广泛应用对推动社会生产力和科学技术的发展发挥了重要的作用。

只要穿过闭合电路的磁通量发生变化,闭合电路中就会产生感应电流。这种利用磁场产生电流的现象称为电磁感应,产生的电流叫作感应电流。产生电磁感应现象的条件如下:

(1) 电路是闭合回路且流通;

(2) 穿过闭合回路的磁通量发生变化。

电路的一部分在磁场中做切割磁感线运动就是为了保证闭合电路的磁通量发生改变,且只能部分切割,全部切割无效,如果缺少一个条件,就不会有感应电流产生。

感应电流产生的微观解释:电路的一部分在做切割磁感线运动时,相当于电路内的一部分自由电子在磁场中做不沿磁感线方向的运动,故自由电子会受洛伦兹力的作用在导体内定向移动,若电路的一部分处在闭合回路中就会形成感应电流,若不是闭合回路,两端就会积聚电荷产生感应电动势。电磁感应现象中之所以强调闭合电路的"一部分导体",是因为当整个闭合电路切割磁感线时,左右两边产生的感应电流方向分别为逆时针和顺时针,对于整个电路来讲电流抵消了。同时,电磁感应中还存在着能量转换的关系:电磁感应是一个能量转换过程,例如可以将重力势能、动能等转化为电能、热能等。

四、自感、互感、涡流

(一) 自感

由于线圈(或回路)本身电流的变化引起线圈(或回路)内产生电磁感应的现象叫作自感。由自感现象而产生的感应电动势叫自感电动势。自感电动势的大小由下式确定:

$$e_l = L \cdot \Delta I / \Delta t$$

式中：e_l 为自感电动势，V；ΔI 为线圈中电流的变化量，A；Δt 为时间变化量，s；L 为线圈自感系数，H。

自感系数 L 用亨(H)、毫亨(mH)、微亨(μH)作单位，它们三者之间关系：1 H＝10^3 mH＝10^6 μH。

线圈自感系数的大小，与线圈本身的结构(如匝数、几何形状和尺寸)和周围介质的导磁系数有关。

自感电动势的方向由楞次定律确定。

（二）互感

处于同一磁介质中的两组(或多组)线圈(或回路)，当通过其中的一组(或若干组)线圈(或回路)的电流(或磁场)发生变化时，在其他线圈(或回路)中也引起磁场发生变化，从而产生电动势，这种现象叫作互感现象。由互感现象产生的电动势叫互感电动势。互感电动势的大小由下式确定：

$$e_m = -M\frac{\Delta I}{\Delta t}$$

式中：e_m 为互感电动势，V；ΔI 为原线圈中的电流变化量，A；Δt 为时间变化量，s；M 为线圈的互感系数，H。

线圈互感系数 M(简称互感)与处于同一磁介质中线圈的匝数、几何形状、相对位置以及周围的磁介质等因素有关，其大小反映了一个线圈在另一个线圈中产生互感电动势的能力。

互感电动势的方向遵循楞次定律。当两个线圈绕向一致时，第二个线圈中的感应电动势总是力图阻止第一个线圈中电流的变化。当第一个线圈中电流增加时，第二个线圈感应电动势(感应电流)的方向和原线圈电流方向相反；反之，则与原线圈的电流方向相同。此外，还与线圈绕向有关。

通常，我们把通入电流的线圈叫原线圈(或一次线圈)，产生感应电动势的线圈叫作副线圈(或二次线圈)，原、副线圈间并无电的联系，而是通过磁来联系的，这种联系叫作磁耦合。

（三）涡流

涡流是感应电流的一种。带有铁芯的线圈中通入电流后，当线圈中的电流变化时，便在铁芯内产生变化的磁通，由于互感的作用，在铁芯内将产生自成回路的环流，称为涡流。

涡流会使铁芯发热，增加电能损耗，叫作涡流损耗。交流电器的铁芯是由多层且错位相接并涂有绝缘漆的硅钢片叠成的，就是为了减少涡流损失。

（四）线圈极性

处于同一磁介质中的两组线圈 L_1、L_2，在同一变化的磁通作用下，当线圈 L_1 的感应电动势(或自感电动势)使其一端的瞬时电位为正值时,线圈 L_2 的感应电动势也必然同时使其有一端的电位为正。这两个对应为正(极性相同的)的点,就叫作同极性端或同名端;感应电动势极性相反的端叫异名端。同名端用符号"·"或"＊"来标记。标记了同名端后,线圈的具体绕法及其相对位置就不需要在图中表示。

第六节　防雷与接地

一、防雷

为了避免电气设备遭受直击雷以及防止感应过电压击穿绝缘,我们通常采用避雷针、避雷线、避雷器等设备进行过电压保护。

1. 避雷针

避雷针是我们最熟悉的防雷设备之一,它的构造简单,一般由三个部分组成。

(1) 接闪器或叫"受雷尖端",是避雷针最高部分,专门用来接受雷电放电,一般用长 1.52 m 的镀锌铁棍或铁管制成,其顶部略成尖形。

(2) 引下线,用它将接闪器的雷电流安全地引至接地装置,使雷电流尽快泄入大地。引下线一般用 35 mm² 的镀锌钢绞线或者圆钢以及扁铁制成。如果避雷针的支架采用铁管或铁塔形式,可利用其支架作为引下线,而无需另设引下线。

(3) 接地装置,是避雷针的最下部分,埋入地下。由于它和大地土壤紧密接触,可使雷电流很好地泄入大地。接地装置一般都用角钢、扁钢、圆钢、钢管等打入地中,其接地电阻一般不能超过 10 Ω。

高耸的针、线、网、带都是接闪器,它们比被保护设施更接近雷云,在雷云对地放电前,接闪器在电场的影响下,上面积累了大量的异性电荷,它们与雷云之间的电场强度超过附近地面被保护设施与雷云之间的电场强度。放电时,接闪器承受直接雷击,强大的雷电流通过阻值很小的引下线、接地体泄入大地,从而使被保护设施免受直接雷击。

避雷针有一定的保护范围,被保护物在避雷针的保护范围内才能避免雷击。

单根避雷针的保护范围如图 2-20 所示,是以轴线为对称的一个折线圆锥体。圆锥体的轮廓线可由图中注明的尺寸关系画出。避雷针在地面上的保护半径 $r=1.5h$,h 为避雷针的高度。

从针的顶点向下作 45° 的斜线,构成圆锥体的上半部,从距离针 1.5h 处向上再作斜线与前一斜线在高度 $h/2$ 处相交,交点以下构成圆锥体的下半部,在被保护物高度 h_x 上的保护半径可由下式确定:

当 $h_x \geqslant \dfrac{h}{2}$ 时,

$$r_x = (h - h_x)P$$

当 $h_x < \dfrac{h}{2}$ 时,

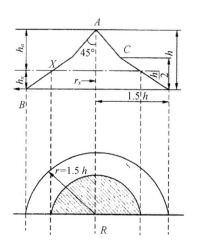

图 2-20　单根避雷针的保护范围

$$r_x = (1.5h - 2h_x)P$$

式中:当 $h \leqslant 30$ m 时,$P=1$;当 $h > 30$ m 时,$P = \dfrac{5.5}{\sqrt{h}}$ 。

两根等高避雷针保护范围如图 2-21 所示。

当避雷针的高度在 30 m 以下,而两个避雷针之间的距离又不超过其有效高度的 7 倍时,如果某一高度的被保护物位于两根避雷针相应的保护范围之内,则将受到可靠的保护。两个避雷针之间的保护范围,明显地大于两个单个避雷针保护范围的总和。

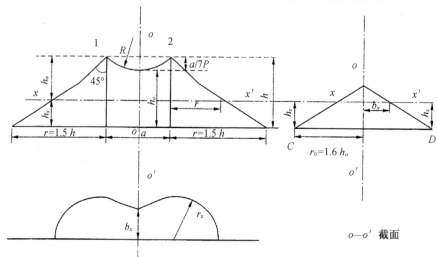

图 2-21　两根等高避雷针的保护范围

两根避雷针外侧部分保护范围的保护半径 r_x 可按单针来确定。两针之间二分之一的保护范围的宽度,从 o-o' 截面中找出。首先,应确定 o 点假想避雷针的高度 $h_o = h - a/(7P)$,在它地面上的保护半径 $r_o = 1.6h_o$,其保护范围的外限为一通过 o 点的直线(oC、oD),该直线与 h_x 水平面的交点与假想避雷针的水平距离即为二分之一最小保护宽度,由下式决定：

$$b_x = 1.5(h_o - h_x)$$

式中：h_x 为被保护物体的高度；h_o 为假想避雷针的高度。

设计时需注意 b_x 不得大于 r_x，两针之间的距离 a 不得大于 $7h_aP$，否则将会使 $b_x = 0$。

若为多根避雷针，所有相邻各对避雷针之间的联合保护范围都能保护到，而且通过三根避雷针所作圆的直径 D_y 或者由四根或更多避雷针所组成的多边形对角线长度 D 不超过有效高度的 8 倍（即 $D \leqslant 8h_a$），则避雷针间的全部范围都可以受到保护。

2. 避雷线

避雷线的作用和避雷针相似，主要用来保护电力电路，这时它又叫架空地线。避雷线也可用来保护狭长的设施。单根避雷线保护范围如图 2-22 所示。

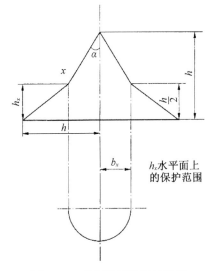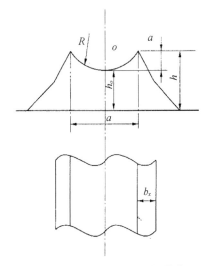

图 2-22　单根避雷线保护范围　　　　图 2-23　两根平行避雷线保护范围

图中 h 是避雷线的最大弧垂点的高度，同避雷针相似，保护范围折线可分成上、下两部分。地面上保护宽度的一半为 h，被保护物高度 h_x 上的保护宽度为 b_x，由下式确定：

当 $h_x \geqslant \dfrac{h}{2}$ 时，$b_x = 0.47(h - h_x)P$；

当 $h_x < \dfrac{h}{2}$ 时，$b_x = (h - 1.53h_x)P$，以上两式中，P 的系数与避雷针相同。

图 2-22 中 α 是避雷针的最大保护角，按上述方法确定保护范围，α 取 25°。

两根平行避雷线的保护范围如图 2-23 所示。其外侧按单根避雷线确定，内侧由通过两避雷线最大弧垂及 o 点的圆弧确定。o 点在两避雷线中间，所在高度为 $h_0 = h - \dfrac{a}{4P}$，系数 P 同前。

避雷网与避雷带，主要用于工业、民用建筑物对直击雷的防护，保护范围不需计算。对于工业建筑物，避雷网的网格大小根据防雷的重要性不同，可采用 6 m×6 m 至 6 m×10 m 的网格或适当距离；对于民用建筑物，可采用 6 m×10 m 的网格。不论是什么建筑物,屋角、屋脊、屋檐等易受雷击的突出部位都应装设避雷带。

旷野孤立或高于 20 m 的建筑物和构筑物,建筑物群中高于 25 m 的建筑物和构筑物,突出的土山顶部、特别潮湿处或土壤电阻系数较周围小处的建筑物,地下有导电矿藏处的建筑物,电力系统的主控室、机房、配电站、高压送电线路等都必须采取防直击雷的措施。

3. 雷电感应的防护

雷电感应(特别是静电感应)也能产生很高的冲击电压。为了防止静电感应产生高压,应将建筑物内的金属设备、金属管道、结构钢筋等接地。接地装置可以和其他接地装置共用,接地电阻不应大于 5～10 Ω。

防止雷电感应的措施主要是针对有爆炸危险的建筑物和构筑物,其他建筑物和构筑物一般不考虑雷电感应的保护。

4. 雷电侵入波的防护

当架空线路或管道遭到雷击时,雷击点要产生高电压。如果电荷不能就地导入地下,高电压将以波的形式沿着线路或金属管道传到与之连接的设施上,危及设备和人身安全。沿着线路或金属管道传播的高压冲击波叫作侵入波。雷电侵入波造成的雷害事故很多,在低压电力系统中,这种事故占雷害事故的 70% 以上。必须对雷电侵入波采取防护措施。通常采取的措施有以下两种。

(1) 装置避雷器。装置避雷器是防雷电侵入波的主要措施。避雷器装设在被保护物的引入端,其上端接入线路,下端接地。正常时,避雷器的间隙保持绝缘状态,不影响系统的运行。当因雷击,有高压侵入波沿线路袭击时,避雷器间隙将击穿而接地,从而强行切断侵入波,使能够进入被保护物的电压仅为雷电流通过避雷器及其引下线和接地装置产生的残压。雷电流通过以后,避雷器间隙又恢复绝缘状态,以便系统正常运行。常用的避雷器有保护间隙避雷器和阀型避雷器。

(2) 接地。接地可以降低雷电侵入波的陡度,接地电阻不宜大于 30 Ω。

5. 防雷装置安全要求

防雷装置必须满足以下安全要求。

(1) 应有足够的机械强度和载流能力。

(2) 应能防止反击导致的火灾爆炸。

(3) 应定期对防雷装置进行安全检查。

二、保护接地

保护接地的作用就是将电气设备不带电的金属部分与接地体之间做良好的金属连接,降低接点的对地电压,避免人体触电危险。

1. 中性点不接地电网中电气设备不接地的危险

中性点不接地电网如图 2-24(a)所示。图中的电动机外壳不接地。当电动机正常运行时,电动机外壳不带电,触及外壳的人没有危险。当电动机的绝缘被击穿带电绕组碰壳时,其外壳便带有电压。这时如有人触及电动机外壳,将有电流经人体和电网对地绝缘阻抗形成回路,如图 2-24(b)所示。

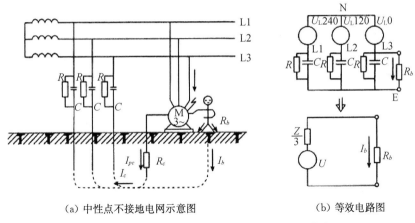

(a) 中性点不接地电网示意图　　　　　(b) 等效电路图

图 2-24　中性点不接地电网发生单相碰壳故障

根据图 2-24(b)所示的等效电路,可求出流经人体的电流有效值为

$$I_b = \frac{3U}{|Z + 3R_b|}$$

式中:U 为电网相电压;R_b 为人体电阻;Z 为电网每相导线对地绝缘阻抗。

人体所承受的电压为

$$U_b = I_bR_b = \frac{3UR_b}{|Z + 3R_b|}$$

由上式可见,流过人体的电流或人体所承受的电压与电网相电压、线路对地绝缘电阻和线路对地电容有关。在线路绝缘良好的情况下,设备对地电压很小,一般不至于发生危险。但是当线路绝缘变坏时,则有可能出现危险电压。例如在中性点不接地的 380/220 V 电网中,由于电网对地电容较小,且电网电压较低,可以忽略电网对地电容的影响,于是流过人体的电流为

$$I_b = \frac{3U}{|R + 3R_b|}$$

在线路绝缘良好的情况下,若取人体电阻为 1 700 Ω,则流经人体的电流为 1.31 mA,人体承受的电压为 2.23 V。流过人体的电流远小于安全电流 30 mA,人体所承受的电压也只有 2.23 V,可见在线路绝缘良好的情况下,是不会有触电危险的。

如果电网绝缘不良,则流过人体的电流会增至 65 mA,加于人体的电压会增至 110 V,这是相当危险的。

2. 保护接地的作用原理

运行中的电气设备,因为某种原因意外地使外壳带电,因为外壳接有保护接地线且接地电阻很低(其电阻不大于 40 Ω),漏电电流由此流入大地,在外壳上呈现出的电压较低,不足以给人生命造成威胁。当人体接触时,因为人体电阻很大(约 1 700 Ω),远远大于接地电阻,而此时可看成两个电阻并联,所以大部分的漏电电流就经接地线(分流作用)流入大地,流经人体的电流就很小,人体的接触电压很小,从而降低了对人体的威胁。

3. 保护接地的应用范围

保护接地适用于各种不接地配电网,包括低压不接地配电网(如井下配电网)和高压不接地配电网,还包括不接地直流配电网。在这些电网中,凡由于绝缘损坏或其他原因而可能带危险电压的正常不带电金属部分,除另有规定外,均应接地。应当接地的具体部位有:

(1) 电动机、变压器、开关设备、照明器具、移动式电气设备的金属外壳和金属构架;

(2) 配电装置的金属构架、控制台的金属框架及靠近带电部分的金属遮拦和金属门;

(3) 配线的金属管;

(4) 电气设备的传动装置;

(5) 电缆金属接头盒、金属外皮和金属支架;

(6) 架空线路的金属杆塔;

(7) 电压互感器和电流互感器的二次线圈。

直接安装在已经接地金属底座、框架、支架等设施上的电气设备的金属外壳一般不必另行接地;在有木质、沥青等高阻导电地面,无裸露接地导体,并且干燥的房间,额定电压交流 380 V 和直流 440 V 以下的电气设备的金属外壳一般也不必接地;安装在木结构或木塔上的电气设备的金属外壳一般也不必接地。

第七节　电气常用仪器仪表

电工仪表是用于测量电压、电流、电能、电功率等电量和电阻、电感、电容等电路参数的仪表,在电气设备安全、经济、合理运行的监测与故障检修中起着十分重要的作用。电工仪表的结构性能及使用方法会影响电工测量的精确度,电工必须能合理选用电工仪表,而且要了解常用电工仪表的基本工作原理及使用方法。

常用电工仪表有:直读指示仪表,它把电量直接转换成指针偏转角,如指针式万用表;比较仪表,它与标准器比较,并读取二者比值,如直流电桥,或显示两个相关量的变化关系,如示波器;数字仪表,它把模拟量转换成数字量直接显示,如数字万用表。常用电工仪表按其结构特点及工作原理分为磁电式、电磁式、电动式、感应式、整流式、静电式和数字式等。

为了表示常用电工仪表的技术性能,在电工仪表的表盘上有许多符号,如被测量单位的符号、工作原理符号、电流种类符号、准确度等级符号、工作位置符号和绝缘强度符号等。测量结果的精确度,不仅与仪表的准确度等级有关,而且与它的量程也有关。因此,通常选择量程时应尽可能使读数占满刻度三分之二以上。

一、万用表

万用表是一种多功能、多量程的便携式电工仪表,一般的万用表可以测量直流电流、直流电压、交流电压和电阻等。有些万用表还可测量电容、功率、晶体管共射极直流放大系数等。所以万用表是电工必备的仪表之一。万用表可分为指针式万用表和数字式万用表。

（一）指针式万用表的结构和工作原理

1. 结构

指针式万用表的型式很多，但基本结构是类似的。指针式万用表主要由表头、转换开关、测量线路、面板等组成。表头采用高灵敏度的磁电式机构，是测量的显示装置；转换开关用来选择被测电量的种类和量程；测量线路将不同性质和大小的被测电量转换为表头所能接受的直流电流。MF-30 型万用表可以测量直流电流、直流电压、交流电压和电阻等多种电量。

当转换开关拨到直流电流挡，可分别与 5 个接触点接通，用于测量 500 mA、50 mA、5 mA 和 500 μA、50 μA 量程的直流电流。同样，当转换开关拨到欧姆挡，可分别测量 $\times$1 Ω、$\times$10 Ω、$\times$100 Ω、$\times$1 kΩ、$\times$10 kΩ 量程的电阻。当转换开关拨到直流电压挡，可分别测量 1 V、5 V、25 V、100 V、500 V 量程的直流电压。当转换开关拨到交流电压挡，可分别测量 500 V、100 V、10 V 量程的交流电压。

2. 工作原理

指针式万用表测电阻时把转换开关 SA 拨到"Q"挡，使用内部电池作电源，由外接的被测电阻和表头部分组成闭合电路，形成的电流使表头的指针偏转。设被测电阻为 R_X，表内的总电阻为 R，形成的电流为 I，则 I 与 R_X 不成线性关系，所以表盘上电阻标度尺的刻度是不均匀的。电阻挡的标度尺刻度是反向分度，R_X＝0，指针指向满刻度处；$R_X \rightarrow \infty$，指针指在表头机械零点上。电阻标度尺的刻度从右向左表示被测电阻值逐渐增加，这与其他仪表指示正好相反，这在读数时应注意。

测量直流电流时把转换开关 SA 拨到"mA"挡，此时从"＋"端到"－"端所形成的线路实际上是一个直流电流表的测量电路。

测量直流电压时将转换开关 SA 拨到"V"挡，采用串联电阻分压的方法来扩大电压表量程。测量交流电压时，转换开关 SA 拨到"$\tilde{V}$"挡，用二极管 VD 整流，使交流电压变为直流电压，再进行测量。

MF-30 型万用表的实际测量线路较复杂，下面以测量直流电流和直流电压为例做简单介绍。

MF-30 型万用表测量直流电流：MF-30 型万用表转换开关 SA 拨在 50 mA 挡；被测电流从"＋"端口流入；经过熔断器 FU 和转换开关 SA 的触点后分成两路，回到"－"端口。当转换开关 SA 选择不同的直流电流挡时，与表头串联的电阻值和并联的分流电阻值也随之改变，从而可以测量不同量程的直流电。MF-30 型万用表测量直流电压：当转换开关 SA 置于直流电压挡时，与表头线路串联的电阻为 R_1，当转换开关 SA 置于直流电压高挡时，与表头线路串联的电阻为（$R_1 + R_2$），串联电阻的增大使测量直流电压的量程扩大。选择不同的直流电压挡可改变电压表的量程。

（二）指针式万用表的使用

1. 准备工作

由于万用表种类型式很多,在使用前要做好测量的准备工作。

（1）熟悉转换开关、旋钮、插孔等的作用,检查表盘符号,"⊓"表示水平放置;"⊥"表示垂直使用。

（2）了解刻度盘上每条刻度线所对应的被测电量。

（3）检查红色和黑色两根表笔所接的位置是否正确,红表笔插入"＋"插孔,黑表笔插入"－"插孔,有些万用表另有交直流 2 500 V 高压测量端,在测高压时黑表笔不动,将红表笔插入高压插口。

（4）机械调零。旋动万用表面板上的机械零位调整螺丝,使指针对准刻度盘左端的"0"位置。

2. 测直流电压

（1）把转换开关拨到直流电压挡,并选择合适的量程。当被测电压数值范围不清楚时,可先选用较高的测量范围挡再逐步选用低挡,使之测量的读数最终落在满刻度的 2/3 处附近。

（2）把万用表并联到被测电路上,红表笔接到被测电压的正极,黑表笔接到被测电压的负极,不能接反。

（3）根据指针稳定时的位置及所选量程正确读数。

3. 测量交流电压

（1）把转换开关拨到交流电压挡,选择合适的量程。

（2）将万用表两根表笔并联在被测电路的两端,不分正负极。

（3）根据指针稳定时的位置及所选量程正确读数,其读数为交流电压的有效值。

4. 测量直流电流

（1）把转换开关拨到直流电流挡,选择合适的量程。

（2）将被测电路断开,万用表串联于被测电路中。注意正、负极性:电流从红表笔流入,从黑表笔流出,不可接反。

（3）根据指针稳定时的位置及所选量程正确读数。

5. 用万用表测量电压或电流时的注意事项

（1）测量时,不能用手触摸表笔的金属部分,以保证安全和测量的准确性。

（2）测直流量时要注意被测电量的极性,避免指针反打而损坏表头。

（3）测较高电压或大电流时,不能带电转动转换开关,避免转换开关的触点产生电弧而损坏。

（4）测量完毕后,将转换开关置于交流电压最高挡或空挡。

6. 测量电阻

（1）把转换开关拨到欧姆挡,合理选择量程。

（2）两表笔短接,进行电调零,即转动零欧姆调节旋钮,使指针打到电阻刻度右边的"0"刻度处。

（3）将被测电阻脱离电源,用两表笔接触电阻两端,表头指针显示的读数乘所选量程的倍数即为所测电阻的阻值。如选用 $R \times 100\ \Omega$ 挡测量,指针指示 40,则被测电阻为：$40 \times 100\ \Omega = 4\ 000\ \Omega = 4\ \mathrm{k}\Omega$。

7. 用万用表测量电阻时的注意事项

（1）不允许带电测量电阻,否则会烧坏万用表。

（2）万用表内干电池的正极与面板上"—"号插孔相连,干电池的负极与面板上的"+"号插孔相连。在测量电解电容和晶体管等器件的电阻时要注意极性。

（3）每换一次倍率挡,要重新进行电调零。

（4）不允许用万用表电阻挡直接测量高灵敏度表头内阻,以免烧坏表头。

（5）不准用两手捏住表笔的金属部分测电阻,否则会将人体电阻并接于被测电阻而引起测量误差。

（6）测量完毕,将转换开关置于交流电压最高挡或空挡。

二、兆欧表

兆欧表又称摇表,是专门用于测量绝缘电阻的仪表,它的计量单位是兆欧($M\Omega$)。

（一）兆欧表的结构和工作原理

常用的手摇式兆欧表,主要由磁电式流比计和手摇直流发电机组成,输出电压有 500 V、1 000 V、2 500 V、5 000 V 几种。随着电子技术的发展,现在也出现用干电池及晶体管直流变换器把电池直流低压转换为直流高压,来代替手摇发电机的兆欧表。

（二）兆欧表的使用

1. 正确选用兆欧表

兆欧表的额定电压应根据被测电气设备的额定电压来选择。测量额定电压 500 V 以下的设备,选用 500 V 或 1 000 V 的兆欧表;额定电压在 500 V 以上的设备,应选用 1 000 V 或 2 500 V 的兆欧表;测量绝缘子、母线等要选用 2 500 V 或 3 000 V 兆欧表。

2. 使用前检查兆欧表是否完好

将兆欧表水平且平稳放置,检查指针偏转情况;将"地端"E、"线端"L 两端开路,以约 120 r/min 的转速摇动手柄,观察指针是否指到"∞"处;然后将 E、L 两端短接,缓慢摇动手柄,观察指针是否指到"0"处,经检查完好才能使用。

3. 兆欧表的使用

（1）兆欧表放置平稳牢固,被测物表面擦干净,以保证测量正确。

（2）正确接线兆欧表三个接线柱：线路(L)、接地(E)、屏蔽(G)。根据不同测量对象,进行相应接线。测量线路对地绝缘电阻时,E 端接地,L 端接于被测线路上;测量电机或设备绝缘电阻时,E 端接电机或设备外壳,L 端接被测绕组的一端;测量电机或变压器绕组间绝缘电阻时先拆除绕组间的连接线,将 E、L 端分别接于被测的两相绕组上;测量电缆绝缘电阻时 E 端接电缆外表皮(铅套)上,L 端接线芯,G 端接芯线最外层绝缘层。

（3）由慢到快摇动手柄,直到转速达 120 r/min 左右,保持手柄的转速均匀、稳定,一般转动 1 min,待指针稳定后读数。

(4) 测量完毕,待兆欧表停止转动和被测物接地放电后方能拆除连接导线。

(三) 注意事项

因兆欧表工作时产生高压电,为避免人身及设备事故需重视以下几点。

(1) 不能在设备带电的情况下测量其绝缘电阻。测量前被测设备必须切断电源和负载,并进行放电。已用兆欧表测量过的设备如要再次测量,也必须接地放电。

(2) 兆欧表测量时要远离大电流导体和外磁场。

(3) 与被测设备的连接导线应用兆欧表专用测量线或选用绝缘强度高的单芯多股软线,两根导线切忌绞在一起,以免影响测量准确度。

(4) 测量过程中,如果指针指向"0"位,表示被测设备短路,应立即停止转动手柄。

(5) 被测设备中如有半导体器件,应先将其插件板拆去。

(6) 测量过程中不得触及设备的测量部分,以防触电。

(7) 测量电容性设备的绝缘电阻时,测量完毕后,应对设备充分放电。

三、钳形电流表

钳形电流表是一种不需要断开电路就可以直接测量交流电流的便携式仪表,这种仪表测量精度不高,可对设备或电路的运行情况做粗略的了解,由于使用方便,应用很广泛。

钳形电流表由电流互感器和电流表组成,互感器的铁芯制成活动开口,且呈钳形,活动部分与手柄相连。当紧握手柄时电流互感器的铁芯张开,可将被测载流导线置于钳口中,该载流导线成为电流互感器的初级线圈。关闭钳口,在电流互感器的铁芯中就有交变磁通通过,互感器的次级线圈中产生感应电流。电流表接于次级线圈两端,它的指针所指示的电流与钳入的载流导线的工作电流成正比,可直接从刻度盘上读出被测电流值。

注意事项:

(1) 把转换开关拨到合适电流格;

(2) 一定关闭钳口,以免开路毁坏仪表;

(3) 根据指针稳定时的位置及所选量程正确读数。

第三章 水工、机械和电气识图

第一节 公差配合及标注方法

一、互换性

在机械工业中,互换性是指相同规格的零(部)件,在装配或更换时,不经挑选、调整或附加加工,就能进行装配,并且满足预定的使用性能。零(部)件的互换性应包括其几何参数、机械性能和理化性能等方面的互换性。

二、公差

零件的尺寸是保证零件互换性的重要几何参数,为了使零件具有互换性,并不要求零件的尺寸加工得绝对准确。由于设备、工夹具及测量误差等因素的影响,零件不可能制造得绝对准确。为了保证零件的互换性,就必须对零件的尺寸规定一个允许的变动范围(最大极限尺寸和最小极限尺寸),这个变动范围就是通常所讲的尺寸公差,简称公差。

三、尺寸公差术语

1. 尺寸

尺寸是指以特定单位表示线性长度值的数值。

尺寸表示长度的大小,由数字和长度单位组成,包括直径、长度、宽度、高度、厚度以及中心距等(不包括角度)。图样上标注尺寸时常以 mm 为单位,这时,只标数字,省去单位。当采用其他单位时,必须标注单位。

2. 基本尺寸(D,d)

基本尺寸是设计给定的尺寸。它的数值一般应按标准长度、标准直径的数值进行圆整。

基本尺寸标准化可减少刀具、量具、夹具的规格和数量。通常大写字母 D 表示孔的基本尺寸,小写字母 d 表示轴的基本尺寸。

3. 实际尺寸(D_a、d_a)

通过测量获得的尺寸称为实际尺寸。

实际尺寸用两点法测量。由于测量误差是客观存在的,所以实际尺寸不是尺寸真值。又由于几何形状误差是客观存在的,因此工件的同一表面的不同部位的实际尺寸往往也是不等的。

4. 极限尺寸（D_{max}、D_{min}，d_{max}、d_{min}）

极限尺寸是允许孔和轴尺寸变化的两个极限值。

孔或轴允许的最大尺寸称为最大极限尺寸（D_{max}、d_{max}）；孔或轴允许的最小尺寸称为最小极限尺寸（D_{min}，d_{min}）。

极限尺寸是根据设计要求以基本尺寸为基础给定的，是用来控制实际尺寸变动范围的，实际尺寸如果小于等于最大极限尺寸，大于等于最小极限尺寸，则该零件合格。

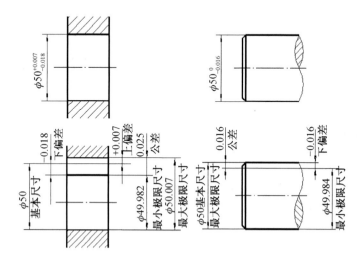

图 3-1 尺寸公差术语

四、标准公差和基本偏差

国标 GB/T1800.1—2009 将确定尺寸精度的标准公差等级分为 20 级，分别用 IT01、IT0、IT1、IT2……IT18 表示。从 IT1 到 IT18 相应的公差数值依次加大、精度依次降低。

切削加工所获得的尺寸精度一般与使用的设备、刀具和切削条件等密切相关。尺寸精度愈高，零件的工艺过程愈复杂，加工成本也愈高。因此在设计零件时，应在保证零件的使用性能的前提下，尽量选用较低的尺寸精度。

在装配图上标注公差与配合时，配合代号一般用相结合的孔与轴的公差带代号组合表示，即在基本尺寸的后面将代号写成分数的形式，分子为孔的公差带代号，分母为轴的公差带代号。孔和轴的公差带代号分别由基本偏差代号与公差等级两部分组成，如图3-2、图 3-3 所示。

五、配合的概念

基本尺寸相同时，相互结合的孔和轴公差带之间的关系称为配合。由于孔和轴的实际尺寸不同，装配后可能出现不同的松紧程度。当孔的实际尺寸减去轴的实际尺寸所得的代数差为正值时是间隙，为负值时是过盈。根据使用要求不同，国家标准规定配合分为间隙配合、过盈配合、过渡配合三类。

（1）间隙配合。具有间隙（包括最小间隙零）的配合称为间隙配合。此时，孔的公差

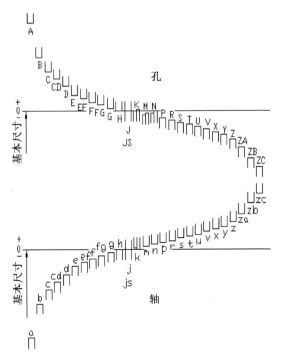

图 3-2　基本偏差

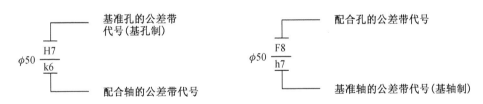

图 3-3　孔和轴的公差带代号

带在轴的公差带之上,如图 3-4 所示。由于孔、轴的实际尺寸允许在各自的公差带内变动,所以孔、轴配合的间隙也是变动的。当孔为最大极限尺寸而轴为最小极限尺寸时,装配后的孔、轴为最松的配合状态,该间隙称为最大间隙 X_{max};当孔为最小极限尺寸而轴为最大极限尺寸时,装配后的孔、轴为最紧的配合状态,该间隙称为最小间隙 X_{min}。

(2)过盈配合。具有过盈(包括最小过盈零)的配合称为过盈配合。此时,孔的公差带在轴的公差带之下,在过盈配合中,孔的最大极限尺寸减轴的最小极限尺寸所得的差值为最小过盈 Y_{min},是孔、轴配合的最松状态;孔的最小极限尺寸减轴的最大极限尺寸所得的差值为最大过盈 Y_{max},是孔、轴配合的最紧状态。

(3)过渡配合。可能具有间隙或过盈的配合称为过渡配合。此时,孔的公差带与轴的公差带交叠。

六、配合的基准制

当基本尺寸确定后,为了便于选择配合,减少零件加工的专用刀具和量具,国家标准对配合规定了两种基准制。

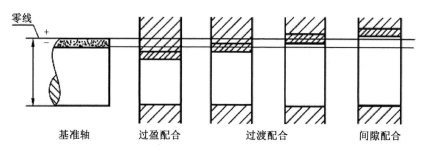

基准轴　　　　过盈配合　　　　过渡配合　　　　间隙配合

图 3-4　配合示意图

1. 基孔制

基本偏差为一定的孔的公差带,与不同基本偏差的轴的公差带构成各种配合的一种制度称为基孔制。这种制度在同一基本尺寸的配合中,是将孔的公差带位置固定,通过变动轴的公差带位置,得到各种不同的配合,如图 3-5(a)所示。

基孔制的孔称为基准孔。国标规定基准孔的下偏差为零,"H"为基准孔的基本偏差。

2. 基轴制

基本偏差为一定的轴的公差带,与不同基本偏差的孔的公差带构成各种配合的一种制度称为基轴制。这种制度在同一基本尺寸的配合中,是将轴的公差带位置固定,通过变动孔的公差带位置,得到各种不同的配合,如图 3-5(b)所示。

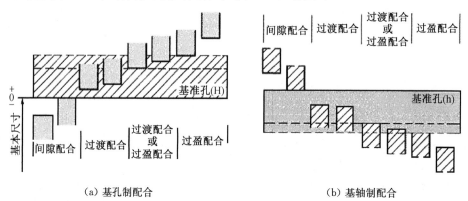

（a）基孔制配合　　　　　　　　（b）基轴制配合

图 3-5　配合的基准制

实际生产中选用基孔制还是基轴制,要从装配结构、工艺要求、经济性等因素出发考虑。由于孔难加工,一般应优先采用基孔制配合。当非标准零件与标准件配合时,应按标准件所用的基准制来确定,例如滚动轴承的内圈与轴的配合为基孔制,而外圈与机体孔的配合则为基轴制。

七、公差与配合的标注

1. 在装配图中的标注方法

配合的代号由两个相互结合的孔和轴的公差带的代号组成,用分数形式表示,分子为孔的公差带代号,分母为轴的公差带代号,标注的通用形式如图 3-6(a)所示。

2. 在零件图中的标注方法

在零件图中标注公差带的代号,如图 3-6(b)所示。这种标注法可和采用专用量具检验零件统一起来,以适应大批量生产的要求。它不需要标注偏差数值。

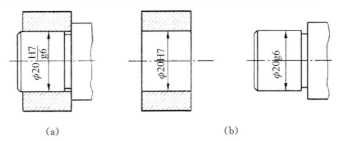

(a) (b)

图 3-6 标注公差带

在零件图中标注偏差数值,如图 3-7(b)所示。上(下)偏差注在基本尺寸的右上(下)方,偏差数字应比基本尺寸数字小 1 号。当上(下)偏差数值为零时,可简写为"0",另一偏差仍标在原来的位置上,如图 3-7(b)所示。如果上、下偏差的数值相同,则在基本尺寸数字后标注"±"符号,再写上偏差数值。这时数值的字体与基本尺寸字体同高,如图 3-8 所示。这种注法主要用于小量或单件生产零件,以便加工和检验时减少辅助时间。

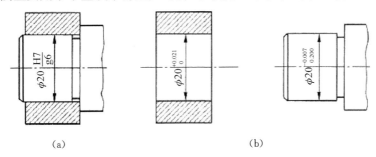

(a) (b)

图 3-7 标注偏差数值

30±0.23

图 3-8 对称偏差的标注

公差带代号和偏差数值同时标注法如图 3-9 所示。

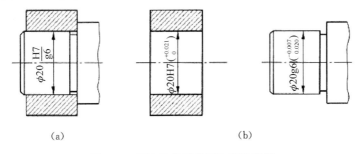

(a) (b)

图 3-9 标注公差带代号和偏差数值

八、几何公差

几何公差包括形状和位置公差。机械零件在加工中的尺寸误差,根据使用要求用尺寸公差加以限制。而加工中零件的几何形状和相对几何要素的位置误差则由形状和位置公差加以限制。因此,几何公差和表面粗糙度、极限与配合共同成为评定产品质量的重要技术指标。

1. 几何公差概念

(1) 形状误差和公差

形状误差是指实际形状相对理想形状的变动量。测量时,理想形状相对于实际形状的位置,应按最小条件来确定。

形状公差是指实际要素的形状所允许的变动全量。

(2) 位置误差和公差

位置误差是指实际位置相对理想位置的变动量。理想位置是相对于基准的理想形状的位置而言。测量时,确定基准的理想形状的位置应符合最小条件。

位置公差是指实际要素的位置对基准所允许的变动全量。

几何公差的类型和特征符号如表 3-1 所示。

表 3-1　几何公差的类型和特征符号

公差类型	几何特征	符　　号	有无基准	参见条款
方向公差	平行度	//	有	18.9
	垂直度	⊥	有	18.10
	倾斜度	∠	有	18.11
	线轮廓度	⌒	有	18.6
	面轮廓度	⌓	有	18.8
位置公差	位置度	⊕	有或无	18.12
	同心度 (用于中心点)	◎	有	13.13
	同轴度 (用于轴线)	◎	有	18.13
	对称度	=	有	18.14
	线轮廓度	⌒	有	18.6
	面轮廓度	⌓	有	18.8

续表

公差类型	几何特征	符　号	有无基准	参见条款
跳动公差	圈跳动	↗	有	18.15
	全跳动	↗↗	有	18.16

（3）公差带及其形状

公差带的形状是由要素本身的特征和设计要求确定的。常用的公差带有以下 11 种形状:圆内区域、两同心圆间的区域、两同轴圆柱面间的区域、两平行直线之间的区域、两等距曲线之间的区域、两平行平面之间的区域、两等距曲面间的区域、圆柱内区域、球内区域、一段圆柱面、一段圆锥面。公差带呈何种形状,取决于被测要素的形状特征、公差项目和设计时表达的要求。

在某些情况下,被测要素的形状特征就决定了公差带形状。如被测要素是平面,则其公差带只能是两平行平面;被测要素是非圆曲面或曲线,其公差带只能是两等距曲面或两等距曲线。必须指出:被测要素要由所检测的公差项目确定,如在平面、圆柱面上要求检测直线度公差项目,则要作一截面得到被测要素,被测要素此时为平面(截面)内的直线。

在多数情况下,除被测要素的特征外,设计要求对公差带形状起着重要的决定作用。如对于轴线,其公差带可以是两平行直线、两平行平面或圆柱面,视设计给出的是给定平面内、给定方向上或是任意方向上的要求而定。

有时,形位公差的项目就已决定了形位公差带的形状。如同轴度,由于零件孔或轴的轴线是空间直线,同轴要求必是指任意方向的,其公差带只有圆柱形一种。圆度公差带只可能是两同心圆,而圆柱度公差带则只有两同轴圆柱面一种。

①公差带的大小

公差带的大小是指公差标注中公差值的大小,它是指允许实际要素变动的全量,它的大小表明形状位置精度的高低,按上述公差带的形状不同,可以是指公差带的宽度或直径,这取决于被测要素的形状和设计的要求,设计时可在公差值前加或不加符号 ϕ 加以区别。

对于同轴度和任意方向上的轴线直线度、平行度、垂直度、倾斜度和位置度等要求,所给出的公差值应是直径值,公差值前必须加符号 ϕ。对于空间点的位置控制,有时要求任意方向控制,则用到球状公差带,则符号为 $S\phi$。

对于圆度、圆柱度、轮廓度(包括线和面)、平面度、对称度和跳动等公差项目,公差值只可能是宽度值。对于在一个方向上、两个方向上或一个给定平面内的直线度、平行度、垂直度、倾斜度和位置度所给出的一个或两个互相垂直方向的公差值也均为宽度值。

公差带的宽度或直径值是控制零件几何精度的重要指标。一般情况下,应根据 GB/T1184—1996 来选择标准数值,如有特殊需要,也可另行规定。

②公差带的方向

在评定形位误差时,形状公差带和位置公差带的放置方向直接影响到误差评定的正确性。

对于形状公差带,其放置方向应符合最小条件(见形位误差评定)。对于定向位置公差带,由于控制的是正方向,故其放置方向要与基准要素成绝对理想的方向关系,即平行、垂直或理论准确的其他角度关系。

对于定位位置公差,除点的位置度公差外,其他控制位置的公差带都有方向问题,其放置方向由相对于基准的理论正确尺寸来确定。

③公差带的位置

对于形状公差带,只是用来限制被测要素的形状误差,本身不作位置要求,如圆度公差带限制被测的截面圆实际轮廓圆度误差,至于该圆轮廓在哪个位置上、直径多大都不在圆度公差控制之列,它们是由相应的尺寸公差控制的。实际上,只要求形状公差带在尺寸公差带内便可,允许在此范围内任意浮动。

对于定向位置公差带,强调的是相对于基准的方向关系,其对实际要素的位置是不作控制的,而是由相对于基准的尺寸公差或理论正确尺寸控制。如机床导轨面对床脚底面的平行度要求,只控制实际导轨面对床脚底面的平行性方向是否合格,至于导轨面距离地面的高度,由其对床脚底面的尺寸公差控制,只要被测导轨面位于尺寸公差内,且不超过给定的平行度公差带,就视为合格。因此,导轨面高于平行度公差带,可移到尺寸公差带的上部位置,根据被测要素离基准的距离不同,平行度公差带可以在尺寸公差带内上或下浮动变化。如果由理论正确尺寸定位,则形位公差带的位置由理论正确尺寸确定,其位置是固定不变的。

对于定位位置公差带,强调的是相对于基准的位置(其必包含方向)关系,公差带的位置由相对于基准的理论正确尺寸确定,公差带位置是完全固定的。其中同轴度、对称度的公差带位置与基准(或其延伸线)位置重合,即理论正确尺寸为 0,而位置度则应在 x、y、z 坐标上分别给出理论正确尺寸。

2. 标注形状公差和位置公差的方法

标注形状公差和位置公差时,标准中规定应用框格标注。

公差框格用细实线画出,可画成水平的或垂直的,框格高度是图样中尺寸数字高度的两倍,它的长度视需要而定。框格中的数字、字母、符号与图样中的数字等高。图 3-10 给出了形状公差和位置公差的框格形式。

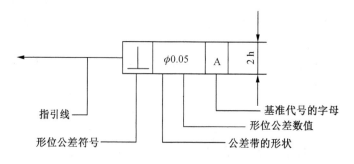

图 3-10　公差框含义

图 3-11 为在一张零件图上标注形状公差和位置公差的实例。

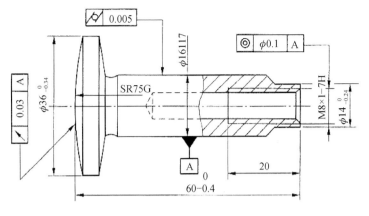

图 3-11　标注举例

九、表面粗糙度

1. 表面粗糙度的概念

由于加工过程中刀具和零件间的摩擦、工艺系统的高频振动等因素影响,经过机械加工之后的零件表面,总是存在由较小间距的峰、谷形成的微量高低不平的痕迹。表述这些峰、谷的高低程度和间距状况的微观几何形状特性的术语,称为表面粗糙度。

表面粗糙度反映的是实际零件表面几何形状误差的微观特征,而几何形状误差表述的则是零件几何要素的宏观特征,介于两者之间的是表面波纹度。这三种误差通常以一定的波距 λ 和波高 h 之比来划分,一般比值大于 1 000 为形状误差;小于 40 为表面粗糙度;介于两者之间的为表面波纹度(目前还没有成熟的标准)。

2. 表面粗糙度的评定参数

表面粗糙度是衡量零件质量的标志之一,它对零件的配合、耐磨性、抗腐蚀性、接触刚度、抗疲劳强度、密封性和外观都有影响。目前在生产中评定零件表面质量的主要参数是轮廓算术平均偏差,它是在取样长度 l 内,轮廓偏距 y 绝对值的算术平均值,用 R_a 表示,如图 3-12 所示。

$$R_a = \frac{1}{n}\sum_{i=1}^{n}\mid y_i \mid$$

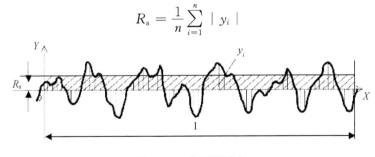

图 3-12　表面粗糙度

3. 表面粗糙度符号及其参数值的标注方法

表面粗糙度的符号及其意义见表 3-2。

表 3-2　表面粗糙度符号及其意义

符　号	意　义	符　号	意　义
✓	基本符号,单独使用没有意义	▽ (去除)	表示表面粗糙度是用不去除材料的方法获得,如锻、铸、冲压、热轧、冷轧、粉末冶金等或是保持原供应状况的表面。
▽	表示表面粗糙度是用去除材料的方法获得,如车、铣、钻、磨、抛光、腐蚀、电火花加工等。		
3.2 ▽	用任何方法获得的表面,R_a 的最大允许值为 3.2 μm	3.2 ▽	用不去除材料方法获得的表面,R_a 的最大允许值为 3.2 μm
3.2 ▽	用去除材料方法获得的表面,R_a 的最大允许值为 3.2 μm	3.2 / 1.6 ▽	用去除材料方法获得的表面,R_a 的最大允许值为 3.2 μm,最小允许值为 1.6 μm

表面粗糙度 R_a 值的标注见表 3-3。

表 3-3　表面粗糙度 R_a 值的标注

代　号	意　义	代　号	意　义
3.2 ▽	用任何方法获得的表面粗糙度,R_a 的上限值为 3.2 μm	3.2 max ▽	用任何方法获得的表面粗糙度,R_a 的最大值为 3.2 μm
3.2 ▽	用去除材料方法获得的表面粗糙度,R_a 的上限值为 3.2 μm	3.2 max ▽	用去除材料方法获得的表面粗糙度,R_a 的最大值为 3.2 μm
3.2 ▽	用不去除材料方法获得的表面粗糙度,R_a 的上限值为 3.2 μm	3.2 max ▽	用不去除材料方法获得的表面粗糙度,R_a 的最大值为 3.2 μm
3.2 / 1.6 ▽	用去除材料方法获得的表面粗糙度,R_a 的上限值为 3.2 μm,R_a 的下限值为 1.6 μm	3.2 max / 1.6 min ▽	用去除材料方法获得的表面粗糙度,R_a 的最大值为 3.2 μm,R_a 的最小值为 1.6 μm

第二节　识读泵站建筑物纵横断面图、平面布置图、结构图的方法

为了兴利除害和充分利用水资源,需要修建一系列建筑物来控制水流和泥沙,这些与水有密切关系的建筑物称为水工建筑物,表达水工建筑物的工程图样称为水利工程图样,简称水工图。

一、水工图的分类与特点

1. 水工图的分类

水利工程的兴建一般需要经过 5 个阶段:勘测、规划、设计、施工、竣工验收。各个阶

段都绘制其相应的图样,每一阶段图样都有具体的图示内容和表达方法。

（1）勘测图。勘探测量阶段绘制的图样称为勘测图,其包括地质图和地形图。勘测阶段的地质图、地形图以及相关的地质、地形报告和有关的技术文件由勘探和测量人员提供,是水工设计最原始的资料。水利工程技术人员利用这些图纸和资料来编制有关的技术文件。勘测图样常用专业图例和地质符号表达,并根据图形的特点允许在一个图上用两种比例表示。

（2）规划图。在规划阶段绘制的图样称为规划图。规划图是表达水资源综合开发全面规划的示意图。按照水利工程的范围大小,规划图有流域规划图、水资源综合利用规划图、灌区规划图、行政区域规划图等。规划图是以勘测阶段的地形图为基础,采用符号图例示意的方式表明整个工程的布局、位置和受益面积等内容的图样。

（3）枢纽布置图和建筑结构图。在设计阶段绘制的图包括枢纽布置图和建筑结构图。一般大型工程设计分初步设计和技术设计,小型工程可以合二为一。初步设计是进行枢纽布置,提供方案比较;技术设计是在确定初步设计方案以后,具体对建筑物结构和细部构造进行设计。为了充分利用水资源,由几个不同类型的水工建筑物有机地组合在一起,协同工作的综合体称为水利枢纽,表达水利枢纽布置的图样称为枢纽布置图。枢纽布置图是将整个水利枢纽的主要建筑物,按其平面位置画在地形图上。枢纽布置图反映出各建筑物的大致轮廓及其相对位置,是各建筑物定位、施工放样、土石方施工以及绘制施工总平面图的依据。用于表达枢纽中某一建筑物形状、大小、材料以及与地基和其他建筑物连接方式的图样称为建筑结构图。对于建筑结构图中由于图形比例太小而表达不清楚的局部结构,可采用大于原图形的比例将这些部位和结构单独画出。

（4）施工图。是表达水利工程施工过程中的施工组织、施工程序、施工方法等内容的图样,包括施工总平面布置图、建筑物基础开挖图、结构施工图、给水排水施工图、采暖通风施工图及电气施工图等。

（5）竣工图。是指工程验收时根据建筑物建成后的实际情况所绘制的建筑物图样。水利工程在兴建过程中,由于受气候、地理、水文、地质、国家政策等各种因素影响较大,原设计图纸随着施工的进行要调整和修改,竣工图应详细记载建筑物在施工过程中对设计图所做的修改,以供存档查阅和工程管理之用。

2. 水工图的特点

水工图的绘制,除遵循制图基本原则外,还根据水工建筑物的特点制定了一系列的表达方法,综合起来水工图有以下特点。

（1）水工建筑物形体庞大,有时水平方向和铅垂方向相差较大,因此水工图允许一个图样中纵横方向比例不一致。

（2）水工图整体布局与局部结构尺寸相差大,所以在水工图的图样中可以采用图例、符号等特殊表达方法及文字说明。

（3）水工建筑物总是与水密切相关,因而处处都要考虑到水的问题。

（4）水工建筑物直接建筑在地面上,因而水工图必须表达建筑物与地面的连接关系。

二、水工图的表达方法

1. 基本表达方法

水工图的基本表达方法如图 3-13 所示。

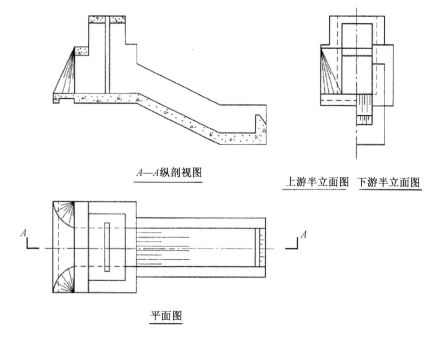

A—A纵剖视图   上游半立面图　下游半立面图

平面图

图 3-13　水工图

（1）视图的命名和作用

平面图。建筑物的俯视图在水工图中称平面图。常见的平面图有枢纽布置图和单一建筑物的平面图。平面图主要用来表达水利工程的平面布置,建筑物水平投影的形状、大小及各组成部分的相互位置关系,剖视、断面的剖切位置、投影方向和剖切面名称等。

立面图。在与建筑物立面平行的投影面上所作建筑物的正投影图,称为建筑立面图,简称立面图。其中,比较显著完整地反映出建筑物外貌特征的那一面的立面图,称为正立面图,其余的立面图相应地称为背立面图和侧立面图。立面图也常常根据水流方向来命名,观察者顺水流方向观察建筑物所得到的视图,称为上游立面图;观察者逆水流方向观察建筑物得到的视图,称为下游立面图。上、下游立面图均为水工图中常见的立面图,其主要表达建筑物的外部形状。

剖视图、断面图。假想用一平行于投影面的平面(称为剖切面)在形体的适当位置将形体剖开,将处在观察者和剖切面之间的部分移去,其余部分向投影面投影所得的图形称为剖视图。物体被剖切后仅将剖切面与物体接触部分向投影面投影所得的图形称为剖面图或断面图。剖切面沿着建筑物长度方向剖切得到的剖视图和剖面图称为纵剖视图和纵剖面图;剖切面沿着建筑物宽度方向剖切得到的剖视图和剖面图称为横剖视图和横剖面图。剖视图主要用来表达建筑物的内部结构形状和各组成部分的相互位置关系,建筑物主要高程、水位、地形、地质、建筑材料及工作情况等。断面图主要是表达建筑物某一组成部分的断面形状、尺寸、构造及其所采用的材料。

详图。将物体的部分结构用大于原图的比例画出的图样称为详图,如图 3-14 所示。其主要用来表达建筑物的某些细部结构形状、大小及所用材料。详图可以根据需要画成视图、剖视图或断面图,它与放大部分的表达方式无关。详图一般应标注图名代号,其标注的形式为:把被放大部分在原图上用细实线小圆圈圈住,并标注字母,在相应的详图下面用相同字母标注图名、比例。

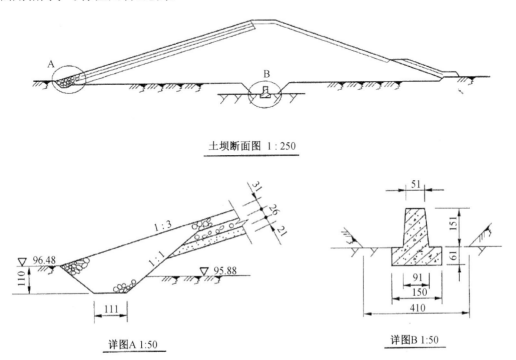

图 3-14 详图(高程单位:m;尺寸单位:cm)

(2) 视图的配置

水工图的视图应尽量按照投影关系配置在一张图纸上。为了合理地利用图纸,也允许将某些视图配置在图幅的适当位置。当建筑物过大或图形太复杂时,根据图形的大小,也可将同一建筑物的各视图分别画在单独的图纸上。

水工图的配置还应考虑水流方向,对于挡水建筑物,如挡水坝、水电站等,应使水流方向在图样中呈自上而下;对于输水建筑物,如水闸、隧洞、渡槽等,应使水流方向在图中呈自左向右。

(3) 视图的标注

①水流方向的标注,如图 3-15 所示。在水工图中一般应用水流方向符号注明水流方向。水流方向符号应根据需要按国标规定的 3 种形式之一绘制,图中 B 值根据需要自定。

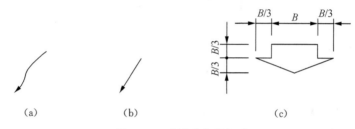

（a）　　　　　　（b）　　　　　　　　（c）

图 3-15　水流方向的标注

为了区分河流的左右岸,制图标准规定:面向顺水流方向（面向下游）,左边为左岸,右边为右岸。

②地理方位的标注,如图 3-16 所示。在水工图的规划图和枢纽布置图中应用指北针符号注明建筑物的地理方位。指北针符号应根据需要按国标规定的 3 种形式之一绘制,图中 B 值根据需要自定。指北针一般画在图纸的左上角,必要时也可画在图纸的右上角,箭头指向正北。

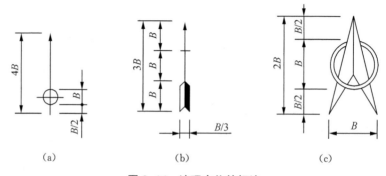

（a）　　　　　　　　（b）　　　　　　　（c）

图 3-16　地理方位的标注

③视图名称和比例的标注,如图 3-17 所示。为了明确各视图之间的关系,水工图中各个视图都要标注名称,名称一律注在图形的正下方,并在名称的下面绘一粗实线,其长度应以图名所占长度为标准。当整张图只用一种比例时,比例统一注写在图纸标题栏内,否则应逐一标注。比例的字高应比图名的字高小 1～2 号。

$$\underline{平面图\ 1:500} \qquad 或 \qquad \frac{平面图}{1:500}$$

图 3-17　比例的标注

2. 特殊表达方法

（1）合成视图

对称或基本对称的图形,可将两个视向相反的视图、剖视图或断面图各画一半,并以对称线为界合成一个图形,这样形成的图形称为合成视图,图 3-18 中的 B-B 和 C-C 是合成剖视图。

（2）拆卸画法

当视图、剖视图中所要表达的结构被另外的次要结构或填土遮挡时,可假想将其拆卸

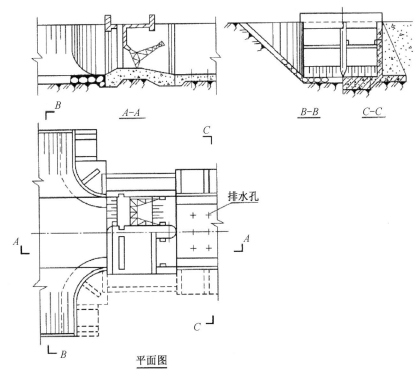

图 3-18 合成剖视图

或掀掉,然后再进行投影。图 3-18 所示平面图中对称线后半部分桥面板及胸墙被假想拆卸,填土被假想掀掉,所以可见弧形闸门的投影,岸墙下部虚线变成实线。

（3）省略画法

省略画法就是通过省略重复投影、重复要素、重复图形等使图样简化的图示方法。水工图中常用的省略画法如下。

①当图形对称时,可以只画对称的一半,但必须在对称线上的两端画出对称符号。图形的对称符号应按图 3-19 所示用细实线绘制。

②对于图样中的一些小结构,当其成规律地分布时,可以简化绘制,如图 3-20 所示的消力池底板的排水孔只画出 1 个圆孔,其余只画出中心线表示位置。

（4）不剖画法

对于构件支撑板,薄壁和实心的轴、柱、梁、杆等,当剖切平面平行其轴线或中心线时,这些结构按不剖绘制,用粗实线将它与相邻部分分开,如图 3-21 中 A-A 剖视图中的闸墩和 B-B 断面图中的支撑板。

（5）缝线的画法

在绘制水工图时,为了清晰地表达建筑物中的各种缝线,如伸缩缝、沉陷缝、施工缝和材料分界缝等,无论缝的两边是否在同一平面内,这些缝线都用粗实线绘制,如图 3-22 所示。

（6）展开画法

当构件、建筑物的轴线（或中心线）为曲线时,可以将曲线展开成直线绘制成视图、剖视图和断面图。这时应在图名后注写"展开"二字,或写成"展开图",如图 3-23 所示。

(7) 连接画法

较长的图形允许将其分成两部分绘制,再用连接符号表示相连,并用大写字母编号,如图 3-24 所示。

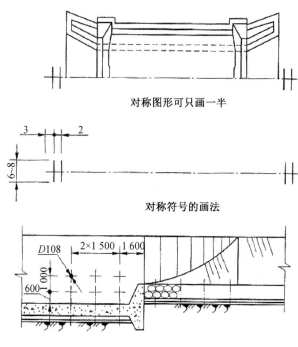

对称图形可只画一半

对称符号的画法

图 3-19 省略画法

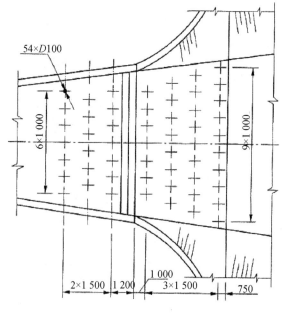

图 3-20 简化画法

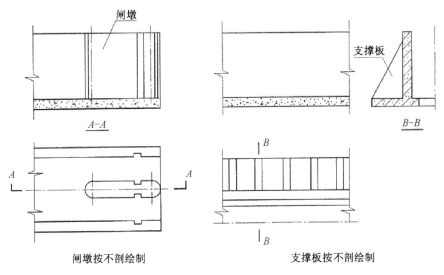

闸墩按不剖绘制　　　　　支撑板按不剖绘制

图 3-21　不剖画法

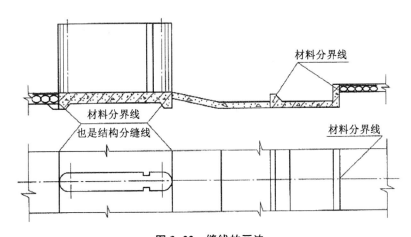

图 3-22　缝线的画法

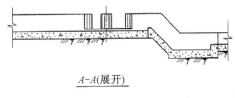

图 3-23　展开画法

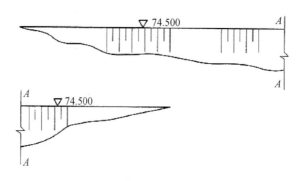

图 3-24 连接画法

（8）分层画法

当建筑物具有多层结构时，为清楚表达各层结构和节省视图，可以采用分层表示法，即在一个视图中按其结构层次分层绘制。画分层视图时，相邻层次用波浪线（或分缝线、分段线）作分界，并用文字注出各层的名称，如图 3-25 所示。

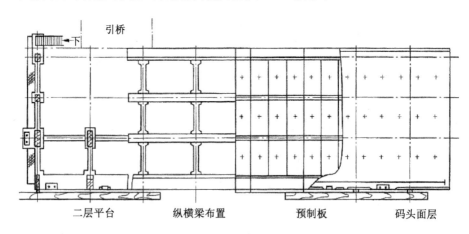

图 3-25 码头平面图的分层画法

（9）示意画法

当视图的比例较小而致使某些细部构造无法在图中表示清楚，或者某些附属设备另有图纸表示，不需要在图中详细画出时，可以在图中相应部位画出示意图，如表 3-4 所示。

表 3-4 示意画法

名称	图例	名称	图例	名称	图例
水库	大型 / 小型	水闸		水电站	（大比例尺）
		土石坝			

名称	图例	名称	图例	名称	图例
溢洪道		隧洞		左右水水文沙站站	Q G
跌水		渡槽		公路桥	
船闸		涵洞(管)	(大) (小)	渠道	
混凝土坝		虹吸	(大) (小)	灌区	

三、水工图的尺寸标注

1. 高度尺寸

（1）高度尺寸的标注

由于水工建筑物的体积大，在施工时常以水准测量来确定水工建筑物的高度。所以，在水工图中对于较大或重要的面要标注高程，其他高度以此为基准直接标注高度尺寸，如图 3-26 所示。

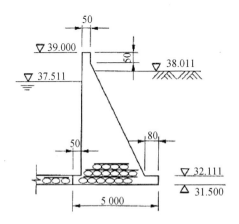

图 3-26　高度尺寸的标注

（2）高程的基准

高程的基准与测量的基准一致,采用统一规定的青岛市黄海海平面为基准。有时为了施工方便,也采用某工程临时控制点、建筑物的底面、较重要的面为基准或辅助基准。

2. 水平尺寸

（1）水平尺寸的标注

对于长度和宽度差别不大的建筑物,选定水平方向的基准面后,可按组合体、剖视图、断面图的规定标注尺寸。对河道、渠道、隧洞、堤坝等长形的建筑物,沿轴线的长度用"桩号"的方法标注水平尺寸,标注形式为:km+m,km 为千米数,m 为米数。例如:"0+043"表示该点距起点之后 43 m 的桩号,"0−500"表示该点在起点之前 500 m。0+000 为起点桩号。桩号数字一般垂直于轴线方向注写,且标注在轴线的同一侧,当轴线为折线时,转折点处的桩号数字应重复标注。当同一图中几种建筑物均采用"桩号"标注时,可在桩号数字之前加注文字以示区别。

（2）水平尺寸的基准

水平尺寸一般以建筑物对称线、轴线为基准,不对称时就以水平方向较重要的面为基准。河道、渠道、隧洞、堤坝等以建筑物的进口即轴线的始点为起点桩号。

3. 曲线尺寸

（1）连接圆弧尺寸的注法

连接圆弧需标出圆心、半径、圆心角、切点、端点的尺寸,对于圆心、切点、端点除标注尺寸外还应注上高程和桩号。

（2）非圆曲线尺寸的注法

非圆曲线尺寸的注法一般是在图中给出曲线方程式,画出方程的坐标轴,并在图附近列表给出曲线上一系列点的坐标值。

4. 简化注法

在水工图中多层结构尺寸一般用引出线加文字说明。其引出线必须垂直通过引出的各层,文字说明和尺寸数字应按结构的层次注写,如图 3-27 所示。

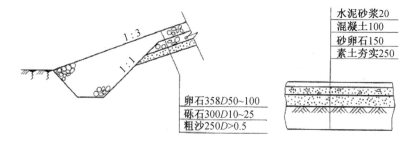

图 3-27 多层结构尺寸的注法

5. 封闭尺寸、重复尺寸

图中既标注各分段尺寸又标注总体尺寸时就形成了封闭尺寸链,既标注高程又标注高度尺寸就会产生重复尺寸。由于建筑物的施工精度没有机械加工要求那样高,且建筑物庞大,各视图往往不在一张图样上,为了适合仪器测量、施工测量,便于看图和施工,必要时可标注封闭尺寸和重复尺寸,但要仔细校对和核实,防止尺寸之间出现矛盾和差错。

四、水工图的识读

识读水工图的顺序一般是由枢纽布置图到建筑结构图,按先整体后局部,先看主要结构后看次要结构,先粗后细、逐步深入的方法进行。具体步骤如下。

1. 概括了解

(1)了解建筑物的名称、组成及作用。识读任何工程图样时都要从标题栏开始,从标题栏和图样上的有关说明中了解建筑物的名称、作用、比例、尺寸单位等内容。

(2)了解视图表达方法。分析视图的基本表达方法、特殊表达方法,找出剖视图和断面图的剖切位置及表达细部结构详图的对应位置,明确各视图所表达的内容,建立起各视图之间及图与物的对应关系。

2. 形体分析

根据建筑物组成部分的特点和作用,将建筑物分成几个主要组成部分,可以沿水流方向将建筑物分为几段,也可沿高程方向将建筑物分为几层,还可以按地理位置或结构来划分。然后运用形体分析的方法,以特征明显的主要视图为主结合其他视图,根据投影规律找投影、想形体,想出各组成部分的空间形状。对较难想象的局部或者视图,可运用形体分析法和线面分析法相结合的方法进行识读。在分析过程中,结合有关尺寸和符号,看懂图样上每一个图线框及图线所表达空间物体的含义、每个符号的意义和作用,弄清建筑物各部分大小、材料、细部构造、位置和作用。

3. 综合想象整体

在形状分析的基础上,对照各组成部分的相互位置关系,综合想象出建筑物的整体形状。

整个读图过程应采用上述方法步骤,循序渐进,几次反复,逐步读懂整套图样上的内容,从而达到完整、正确地理解工程设计意图的目的。

第三节　识读简单机械零件图和装配图的方法

一、识读零件图的方法

机械图样是在机械产品设计、制造、检验、安装、调试过程中使用的,用以反映产品的形状、结构、尺寸、技术要求等内容的工程图样。根据其功能和表达的内容不同,又分为装配图和零件图。根据其表述内容的范围及其作用不同可再细分。其中装配图可分为总装图和部装图。前者主要反映整台机器的工作原理,部件间的装配关系、安装关系,机器外形、安装和使用机器所需要的技术要求,以及机器的主要性能指标和用以指导机器的总装、调试、检验、使用、维护等有关信息的图样。而部装图是主要表达部件的外形和安装关系,以及装配、检验、安装所需要的尺寸和技术要求等信息的图样,用以指导装配、调试、安装、检验和拆画零件图。

零件图主要是反映单个零件的结构形状、尺寸、材料、加工制造、检验所需要的全部技术要求等信息的图样,是指导加工、检验的依据。

图 3-28 为铣刀头装配图,图 3-29 为铣刀头中零件 4 支架的零件图。

二、机械图样的作用

在人类生产活动中,到处可遇到各种各样的机械产品,而任何机械产品的设计、制造、安装、调试、使用、维护,以及技术革新、发明创造等都离不开图样。

机械产品从规划直到销售,历经产品问题的提出与认识(市场调研、可行性分析、确定任务),初步设计方案(列出各种方案、画出草图、形成概念设计、提出新方法和注意点、进行方案评审),对初步设计方案进行分析确定设计方案(功能分析、原理设计、运动及动力设计、确定设计方案),详细设计(对确定的设计方案进行详细的结构和技术设计、绘制装配示意图和装配草图、根据功能要求研究设计零件结构并绘制零件草图、再由零件草图绘制装配图、由装配图拆画出零件图、编写设计说明书及使用说明书),加工制造(包括工艺设计,夹具设计,加工制造零件,检验零件,将合格零件按照装配工艺和图样上的技术要求进行装配、调试、样机鉴定,改进、完善设计方案,小批量生产,投入试用,信息反馈,完善定型、决策,批量生产),销售(销售过程中,根据市场信息反馈,再进行进一步的设计完善,在不断地完善中雕琢精品)六个环节。而机械图样在各环节中,都起着表达设计思想,承载加工、制造、检验、装配等诸多信息的功能。

因此,机械工程图样是技术人员工程思维、创新设计的载体,是机械产品设计最终成果的体现,是机械产品制造、检验、装配的主要技术依据,是组织生产的重要技术文件,也可能是经济纠纷产生时的法律证据。

1. 零件图的作用

零件图主要是反映单个零件的结构形状、尺寸、材料,及加工制造、检验所需要的全部技术要求等信息的图样,是指导加工、检验的依据。

2. 零件图的内容

一张完整的零件图,一般应具有下列内容。

(1) 根据有关标准和规定,用正投影法表达零件内、外结构的一组图形。

(2) 零件尺寸图应正确、完整、清晰,合理地标注零件制造、检验时所需的全部尺寸。

(3) 技术要求标注或说明零件制造、检验或装配过程中应达到的各项要求,如表面结构、尺寸公差、几何公差、热处理、表面处理等要求。

(4) 标题栏画在图框的右下角,需填写零件的名称、材料、数量、比例,以及单位名称、制图、描图、审核人员的姓名、日期等内容。

3. 看零件图的要求

看零件图时,应达到如下要求。

(1) 从标题栏中了解零件的名称、材料和功用。

(2) 了解组成零件各部分的结构形状特点、功用,以及它们之间的相对位置。

(3) 从技术要求中了解零件的制造方法和技术要求。

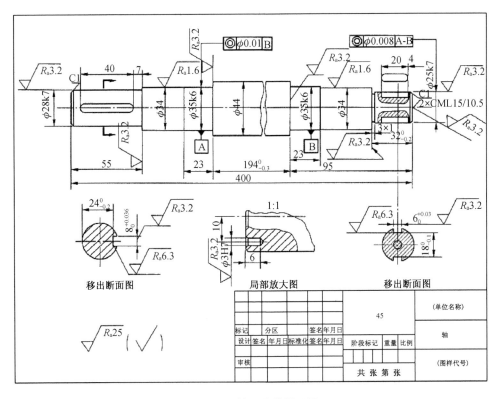

图 3-28　铣刀头装置配图

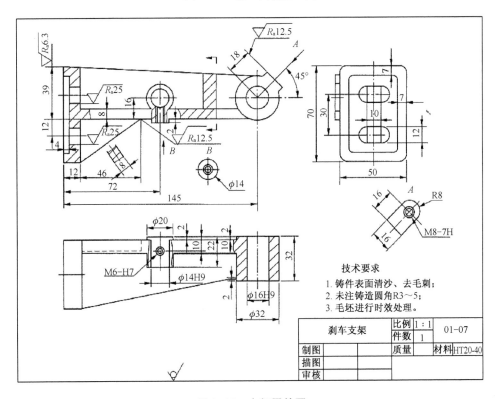

图 3-29　支架零件图

4. 看零件图的方法

（1）了解零件在机器中的作用

①看标题栏。从标题栏了解零件的名称，零件的作用、材料，根据画图比例了解零件的实际大小。

②了解零件的作用。由名称知该零件的主要作用是用来支承传动轴，因此轴孔是它的主要结构，该零件结构较复杂，表达时用了三个基本视图和三个局部视图（图 3-29）。

③看其他技术资料。看其他技术资料时，尽可能参照装配图及其相关的零件图等技术文件，进一步了解该零件的功用以及它与其他零件的关系。

（2）分析视图，想象零件形状

①找出主视图。

②根据视图、剖视图、断面图等，找出它们的名称、相互位置和投影关系。

③凡有剖视图、断面图处要找到剖切平面位置。

④有局部视图和斜视图处必须找到表示投影部位的字母和表示投影方向的箭头。

⑤有无局部放大图及简化画法。

⑥进行形体分析和线面分析：

a. 先看大致轮廓，再分几个较大的独立部分进行形体分析，逐一看懂；

b. 对外部结构逐个分析；

c. 对内部结构逐个分析；

d. 对不便于形体分析的部分进行线面分析。

⑦进行尺寸分析：

a. 根据形体分析和结构分析，了解定形尺寸和定位尺寸；

b. 根据零件的结构特点，了解基准和尺寸标注形式；

c. 了解功能尺寸与非功能尺寸；

d. 了解零件总体尺寸。

零件各部分的形体尺寸，按形体分析法确定。如图 3-29 所示，标注尺寸的基准是：长度方向以左端面为基准，其中注出的定位尺寸有 72 和 145；宽度方向以经加工的右圆筒端面和中间圆筒端面为基准，其中注出的定位尺寸有 2 和 10；高度方向的基准是右圆筒与左端底板相连的水平板的底面，其中注出的定位尺寸有 12、16。

把零件的结构形状、尺寸标注、工艺和技术要求等内容综合起来，就能了解零件的全貌，也就看懂了零件图。

5. 装配图的定义

装配图主要指反映整台机器的工作原理、部件间的装配关系、安装关系、机器外形、安装和使用机器所需要的技术要求，以及机器的主要性能指标和用以指导机器的总装、调试、检验、使用、维护等有关信息的图样。

6. 装配图的作用

装配图主要表达机器或部件的工作原理，零件之间的装配关系，各零件的主要结构形状及装配、检验、安装时所需的尺寸和技术要求。在产品设计中，一般先画装配图，然后根据装配图画零件图。在产品制造中，是根据装配图表达的装配要求将各零部件按一定的顺序进行装配的。在管理和维修机器中,是通过装配图来了解机器的结构、性能和工作原理的。因此,装配图是设计和绘制零件图的主要依据,是装配生产、调试、安装、维修的主要技术文件。

7. 装配图的内容

一张完整的装配图主要包括以下四方面的内容。

(1) 组视图

组视图用一组视图来表达机器或部件的工作原理、装配关系、连接及安装方式和主要零件的结构形状。应注意的是,装配图只是装配机器和部件的依据,不是加工零件的依据。所以,装配图不需要将所有零件的形状都表达清楚,以免视图数量过多。

(2) 必要的尺寸

只需标注表示部件或机器的规格、性能的信息,以及装配、安装、检验、运输等方面所需要的主要尺寸。它与零件图标注尺寸的要求不同。

(3) 技术要求

用文字或符号说明装配体装配、检验、调试及使用等方面的要求。装配图上的技术要求一般包括以下几方面。

①对机器或部件在装配和检验时的具体要求。

②关于机器性能指标方面的要求。

③安装、运输以及使用方面的要求。

④有关试验项目的规定。

(4) 零件的序号、明细栏和标题栏

为了便于看图和生产管理,装配图中对每种零件都要编写序号,并编制明细栏,注写出零件的序号、名称、规格、数量、材料等内容。标题栏用来注明机器或部件的名称、规格、比例、图号及设计者、设计单位等内容。

8. 装配图的识读

识读装配图的目的主要是弄清楚机器或部件的用途、工作原理和各零件间的装配关系,进而了解机器或部件的装配或拆卸顺序,以便在进行装配、维修和使用时,对机器的结构做到心中有数。因此,工程技术人员必须具有正确、熟练地识读装配图的能力。

识读装配图的方法和步骤如下。

(1) 概括了解。先看标题栏、明细表,从中了解装配体的名称和组成该装配体的各零件的名称、数量;了解装配图的视图表达,分析视图、剖视图、断面图的相互关系;分析各视图所表达的重点,为进一步读图做好准备。

(2) 分析零件。在装配图中划清各零件的视图轮廓,是弄清装配关系和工作原理的基础,也是识读装配图的关键工作。方法是:根据序号沿指引线找各零件轮廓,结合装配图的画法特点(如不同零件的剖面线等)进行分析判断。读图时应以反映装配关系比较明显的视图为主,配合其他视图,首先分清装配主干线上各零件,然后逐步扩大分析识读的范围。

(3) 分析装配关系。分清零件后可以进一步分析零件间的装配关系及机器或部件的工作原理。对于复杂的装配体,只靠其装配图有时并不能完全达到上述要求,还必须参考有关资料才能清楚地了解其工作原理。

（4）综合归纳，想象总体形状。在弄清各零件的位置及主要轮廓后，对装配体的工作原理、装配关系、拆装顺序及装配图中的全部尺寸和技术要求进行综合分析，便于对装配体的总体形状结构有比较深入的了解。

第四节　识读电气一次接线图、简单二次接线图的方法

一、电气工程图基础知识

（一）电气工程设备图的内容

电气图一般由电路接线图、技术说明、主要电气设备（或元器件）明细表、标题栏和会签表等部分组成。

1. 电路及电路图

（1）电路

由电源、负载、控制元件和连接导线组成的能实现预定功能的闭合回路，称为电路。电路通常分为主电路和副电路（又称一次回路和二次回路）两类。

主电路是电源向负载输送电能的电路，即发、输、变、配、用电能的电路。它通常包括发电机、电力变压器、各种开关、互感器、接触器、母线、导线及电力电缆、熔断器、负载（如电动机、照明及电热设备）等。副电路是为保证主电路安全、正常、经济合理运行而装置的控制、保护、测量、监察、指示电路。它一般包括控制开关、继电器、脱扣器、测量仪表、指示灯、音响灯光信号设备等。

主、副电路中的电气设备分别称作一次设备和二次设备。电流互感器和电压互感器的一次侧装接在主电路，二次侧接继电器和测量仪表，因此，它们属于一次设备，但在主、副电路图中应分别画出一、二次侧接线。熔断器在主、副电路中都有应用，按其所装设的电路不同，分别归属于一、二次设备。避雷器虽然是保护（防雷）设备，但由于并联在主电路中，因此它属于一次设备。

（2）电路图

用国家统一规定的电气图形符号和文字符号表示电路中电气设备（或元器件）相互连接顺序的图形，称为电路图。电路接线图详细表达了电路中各设备或元器件的相互连接顺序。

（3）技术说明

技术说明或技术要求，用以注明电气接线图中有关要点、安装要求及未尽事项等。其书写位置通常是：在主电路（一次回路）图的图面右下方，标题栏的上方；在副电路（二次回路）图中的图面右上方或下方。

（4）主要电气设备材料（元器件）明细表

主要电气设备材料（元器件）明细表用以注明电气接线图中电路主要电气设备（或元

器件)及材料的代号、名称、型号、规格、数量和说明等,它不仅便于识图,而且是订货、安装的重要依据。

明细表的书写位置通常是:主电路图中,在图面的右上方,由上而下逐项列出;副电路图中,则在图面的右下方,紧接标题栏之上,自下而上逐项列出。

(5)标题栏

标题栏又称"图标",具有该图样简要说明书的作用。标题栏在图面的右下角,用于标注电气工程名称、设计类别、设计单位、图名、图号、比例、尺寸单位,及设计人、制图人、描图人、审核人、批准人的签名和日期等。

标题栏是电气设计图的重要技术档案,各栏目中的签名人对图中的技术内容承担相应责任。识图时首先应看标题栏。

此外,有些涉及相关专业的电气图样,紧接在标题栏左下侧或图框线以外的左上方,列有会签表,由相关专业(如电气、土建、管道等)技术人员会审认可后签名,以便互相统一协调,明确分工及责任。

2. 电气图的分类

对于用电设备来说,电气图主要是主电路图和控制电路图;对于供配电设备来说,电气图主要是指一次回路和二次回路的电路图。但要表示清楚一项电气工程或一种电气设备的功能、用途、工作原理、安装和使用方法等,光有这两种图是不够的。电气图的种类很多,下面分别介绍常用的几种。

(1)系统图或框图

系统图或框图就是用符号或带注释的框概略表示系统或分系统的基本组成、相互关系及其主要特征的一种简图。

(2)电路图

电路图就是按工作顺序用图形符号从上到下、从左到右排列,详细表示电路、设备或成套装置的全部组成和连接关系,而不考虑其实际位置的一种简图。其目的是便于详细理解设备工作原理、分析和计算电路特性及参数,所以这种图又称为电气原理或原理接线图。

(3)接线图

接线图主要用于表示电气装置内部元件之间及其与外部其他装置之间的连接关系,它是便于制作、安装及维修人员接线和检查的一种简图或表格。

画电气接线图时应遵循以下原则。

①电气接线图必须保证电气原理图中各电气设备和控制元件动作原理的实现。

②电气接线图只标明电气设备和控制元件之间的相互连接线路而不标明电气设备和控制元件的动作原理。

③电气接线图中的控制元件位置要依据它所在实际位置绘制。

④电气接线图中各电气设备和控制元件要按照国家标准规定的电气图形符号作出。

⑤电气接线图中的各电气设备和控制元件,其具体型号可标在每个控制元件电气图形旁边,或者画表格说明。

⑥实际电气设备和控制元件结构都很复杂,画接线图时,只画出接线部分电气图形

符号。

当一个装置比较复杂时,接线图又可分解为以下几种。

①单元接线图。它是表示成套装置或设备中一个结构单元内各元件之间连接关系的一种接线图。这里所指"结构单元"是指在各种情况下可独立运行的组件或某种组合体,如电动机、开关柜等。

②互连接线图。它是表示成套装置或设备的不同单元之间连接关系的一种接线图。

③端子接线图。它是表示成套装置或设备的端子以及接在端子上的外部接线(必要时包括内部接线)连接关系的一种接线图。

④电线电缆配置图。它是表示电线电缆两端位置,必要时还包括电线电缆功能、特性和路径等信息的一种接线图。

3. 电气平面图

电气平面图是表示电气工程项目的电气设备、装置和线路的平面布置图。

除此之外,为了表示电源、控制设备的安装尺寸、安装方法、控制设备箱的加工尺寸等,还必须有其他一些图。不过,这些图与一般按正投影法绘制的机械图没有多大区别,通常可不列入电气图。

4. 设备元件和材料表

设备元件和材料表就是把成套装置、设备中各组成部分和相应数据列成表格,来表示各组成部分的名称、型号、规格和数量等,便于读图者阅读、了解各元器件在装置中的作用和功能,从而读懂装置的工作原理。设备元件和材料表是电气图中重要组成部分,它可置于图中的某一位置,也可单列一页。

5. 产品使用说明书上的电气图

生产厂家往往随产品使用说明书附上电气图,供用户了解该产品的组成和工作过程及注意事项,以达到正确使用、维护和检修该产品的目的。

6. 其他电气图

上述电气图是常用的主要电气图,但对于较为复杂的成套装置或设备,为了便于制造,有局部的大样图、印刷电路板图等,而为了装置的技术保密,往往只给出装置或系统的功能图、流程图、逻辑图等。所以,电气图种类很多,但这并不意味着所有的电气设备或装置都应具备这些图纸。根据表达的对象、目的和用途不同,所需图的种类和数量也不一样,对于简单的装置,可把电路图和接线图二合一,对于复杂装置或设备应分解为几个系统,每个系统也有以上各种类型图。总之,电气图作为一种工程语言,在表达清楚的前提下,越简单越好。

(二) 电气工程(设备)图的特点

(1) 电气工程图的主要表述形式是简图。如图 3-30 所示是某 10 kV 变电所电气布置和电气系统简图。

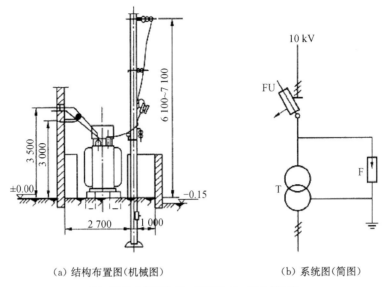

（a）结构布置图（机械图）　　　　（b）系统图（简图）

FU—跌开式熔断器；F—避雷器；T—配电变压器。

图 3-30　某 10 kV 变电所电气布置和电气系统图（单位：mm）

（2）元件和连接线是电气图描述的主要内容。因为对元件和连接线描述方法不同，而构成了电气图的多样性。图 3-31 所示是 Y-△启动器的主电路图，图中分别采用多线、单线、混合三种表示方法。

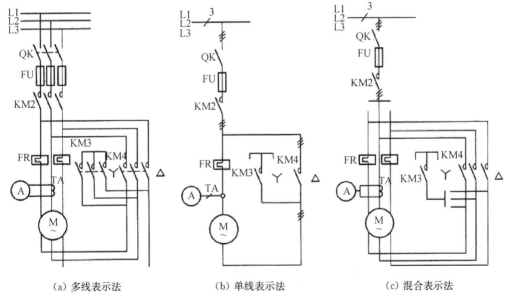

（a）多线表示法　　　　　（b）单线表示法　　　　　（c）混合表示法

QK—刀开关；FU—熔断器；KM2、KM3、KM4—交流接触器；FR—热继电器；TA—电流互感器；A—电流表；M—异步电动机。

图 3-31　在电路图中连接线的表示方法

（3）功能布局法和位置布局法是电气工程图两种基本的布局方法。功能布局法是指电气图中元件符号的布置，只考虑便于看出它们所表示的元件之间功能关系而不考虑实际位置的一种布局方法。

（4）图形符号、文字符号和项目代号是构成电气图的基本要素,如图 3-32 所示。

（5）对能量流、信息流、逻辑流、功能流的不同描述方法构成了电气图的多样性。如图 3-33 所示。

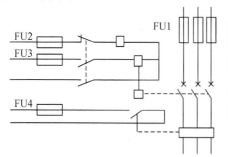

代号	名称	型号规格
FU1	垫料式熔断器	RT1-100/75 A
FU2	螺旋式熔断器	RL-15/15 A
FU3	螺旋式熔断器	RL-10/5 A
FU4	瓷插式熔断器	RC-5/3 A

图 3-32　图形符号、文字符号应用实例

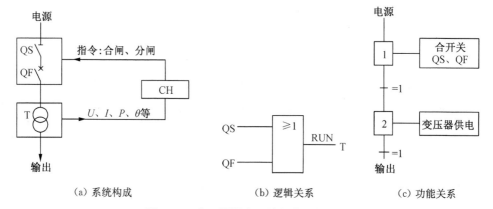

（a）系统构成　　　　　（b）逻辑关系　　　　　（c）功能关系

图 3-33　变压器供电系统各单元的关系

（三）电气图形符号、文字符号和项目代号

1. 电气图用图形符号

（1）图形符号的构成。图形符号是用于电气图中表示一个设备（例如电动机、开关）或一个概念（例如接地、电磁效应）的图形、标记或字符。用于电气图的图形符号主要是一般符号和方框符号,在某些特殊情况下也用到电气设备用图形符号。

（2）图形符号的种类。20 世纪 80 年代,我国参照国际通用标准,颁布了一套新的电气图形符号,即《电气图用图形符号》(GB/T4728)。这一标准将电气图形符号进行如下分类

①导线和连接器件。如电线电缆、接线端子、导线的连接和连接件等。

②无源元件。如电阻器、电容器、电感器等。

③半导体和电子管。如二极管、三极管、晶闸管、电子管等。

④电能的发生和转换装置。如绕组、发电机、电动机、变压器、变流器等。

⑤开关控制和保护装置。如开关、启动器、继电器、熔断器、避雷器等。

⑥测量仪表、灯和信号器件。如仪表、传感器、灯、音响电器等。

⑦电信传输交换和外围设备。

⑧电力、照明和电信布置。如发电站、变电所、开关、插座、灯具安装和布置。

⑨二进制逻辑单元。如逻辑单元、计数器、存储器等。

⑩模拟单元。如放大器、函数器、电子开关等。

2. 电气技术中的文字符号

图形符号提供了一类设备或元件的共同符号,为了更好、明确地区分不同的设备、元件,尤其是区分同类设备或元件中不同功能的设备或元件,还必须在图形符号旁标注相应的文字符号。

文字符号通常由基本符号、辅助符号和数字组成。

(1) 基本文字符号

基本文字符号用以表示电气设备、装置和元件以及线路的基本名称、特征。基本文字符号分为单字母和双字母符号,如表3-5和表3-6所示。

表3-5 单字母符号

字母代码	项目种类	举例
A	组件 部件	分离元件放大器、磁放大器、微波激射器、印制电路板,本表其他地方未提及的组件、部件
B	变换器 (从非电量到电量或相反)	热电传感器、热电池、光电池、测功计、晶体换能器、送话器、拾音器、扬声器、耳机、自整角机、旋转变压器
C	电容器	
D	二进制单元 延迟器件 存储器件	数字集成电路和器件、延迟线、双稳态元件、单稳态元件、磁芯存储器、寄存器、磁带记录机、盘式记录机
E	杂项	光器件、热器件,本表其他地方未提及的元件
F	保护器件	熔断器、过电压放电器件、避雷器
G	发电机电源	旋转发电机、旋转变频机、电池、振荡器、石英晶体振荡器
H	信号器件	光指示器、声指示器
K	继电器、接触器	—
L	电感器 电阻器	感应线圈、线路陷波器 电抗器(并联和串联)
M	电动机	
N	模拟集成电路	运算放大器、模拟/数字混合器件
P	测量设备 试验设备	指示、记录、计算、测量设备 信号发生器、时钟
Q	电力电路的开关	断路器、隔离开关
R	电阻器	可变电阻器、电位器、变阻器、分流器、热敏电阻

续表

字母代码	项目种类	举例
S	控制电路的开关选择器	控制开关、按钮、限制开关、选择开关、选择器、拨号接触器、连接器
T	变压器	电压互感器、电流互感器
U	调制器变换器	整频器、解调器、变频器、编码器、逆变器、交流器、电报译码器
V	电真空器件半导体器件	电子管、气体放电管、晶体管、晶闸管、二极管
W	传输通道波导、天线	导线、电缆、母线、波导、波导定向耦合器、偶极天线、抛物面天线
X	端子、插头、插座	插头和插座、测试塞孔、端子板、焊接端子片、连接片、电缆封端和接头
Y	电气操作的机械装置	制动器、离合器、气阀
Z	终端设备混合变压器滤波器均衡器限幅器	电缆平衡网络压缩扩展器晶体滤波器网络

表 3-6 常用双字母符号及新旧符号对照

序号	名称	新符号		旧符号	序号	名称	新符号		旧符号
		单字母	双字母				单字母	双字母	
1	发电机	G		G	12	电感器电抗器启动电抗器感应线圈	L L L L	LS	L DK QK GQ
	直流发电机	G	GD	ZF					
	交流发电机	G	GA	JF					
	同步发电机	G	GS	TF					
	异步发电机	G	GA	YF					
	永磁发电机	G	GM	YCF					
	水轮发电机	G	GH	SLF					
	汽轮发电机	G	GT	QLF					
	励磁机	G	GE	L					
2	电动机	M		D	13	电线电缆母线	W W W		DX DL M
	直流电动机	M	MD	ZD					
	交流电动机	M	MA	JD					
	同步电动机	M	MS	TD					
	异步电动机	M	MA	YD					
	笼型电动机	M	MC	LD					
3	绕组	W		Q	14	避雷器熔断器	F F	FU	BL RD
	电枢绕组	W	WA	SQ					
	定子绕组	W	WS	DQ					
	转子绕组	W	WR	ZQ					
	励磁电组	W	WE	LQ					
	控制绕组	W	WC	KQ					

序号	名称	新符号		旧符号	序号	名称	新符号		旧符号
		单字母	双字母				单字母	双字母	
4	变压器	T		B	15	照明灯	E	EL	ZD
	电力变压器	T	TM	LB		指示灯	H	HL	SD
	控制变压器	T	TC	KB					
	升压变压器	T	TU	SB					
	降压变压器	T	TD	JB					
	自耦变压器	T	TA	OB					
	整流变压器	T	TR	ZB					
	电炉变压器	T	TF	LB					
	稳压器	T	TS	WY					
	互感器	T		H					
	电流互感器	T	TA	LH					
	电压互感器	T	TV	YH					
5	整流器	U		ZL	16	蓄电池	G	GB	XDC
	变流器	U		BL		光电池	B		GDC
	逆变器	U		NB					
	变频器	U		BP					
6	断路器	Q	QF	DL	17	晶体管	V		BG
	隔离开关	Q	QS	GK		电子管	V	VE	G
	自动开关	Q	QA	ZK					
	转换开关	Q	QC	HK					
	刀开关	Q	QK	DK					
7	控制开关	S	SA	KK	18	调节器	A		T
	行程开关	S	ST	CK		放大器	A		FD
	限位开关	S	SL	XK		晶体管放大器	A	AD	BF
	终点开关	S	SE	ZDK		电子管放大器	A	AV	GF
	微动开关	S	SS	WK		磁放大器	A	AM	CF
	脚踏开关	S	SF	TK					
	按钮开关	S	SB	AN					
	接近开关	S	SP	JK					
8	继电器	K		J	19	变换器	B		BH
	电压继电器	K	KV	YJ		压力变换器	B	BP	YB
	电流继电器	K	KA	LJ		位置变换器	B	BQ	WZB
	时间继电器	K	KT	SJ		温度变换器	B	BT	WDB
	频率继电器	K	KF	PJ		速度变换器	B	BV	SDB
	压力继电器	K	KP	YLJ		自整角机	B		ZZJ
	控制继电器	K	KC	KJ		测速发电机	B	BR	CSF
	信号继电器	K	KS	XJ		送话器	B		S
	接地继电器	K	KE	JDJ		受话器	B		SH
	接触器	K	KM	C		拾音器	B		SS
						扬声器	B		Y
						耳机	B		EJ

续表

序号	名称	新符号 单字母	新符号 双字母	旧符号	序号	名称	新符号 单字母	新符号 双字母	旧符号
9	电磁铁	Y	YA	DT	20	天线	W		TX
	制动电磁铁	Y	YB	ZDT					
	牵引电磁铁	Y	YT	QYT					
	起重电磁铁	Y	YL	QZT					
	电磁离合器	Y	YC	CLH					
10	电阻器	R		R	21	接线柱	X		JX
	变阻器	R		R		连接片	X	XB	LP
	电位器	R	RP	W		插头	X	XP	CT
	启动电阻器	R	RS	QR		插座	X	XS	CZ
	制动电阻器	R	RB	ZDR					
	频敏电阻器	R	RF	PR					
	附加电阻器	R	RA	FR					
11	电容器	C		C	22	测量仪表	P		CB

(2) 辅助文字符号

辅助文字符号是用以表示电气设备、装置和元器件以及线路的功能、状态和特征的，通常是由英文单词的前一个或两个字母构成。例"RD"表示红色（Red），"F"表示快速（Fast）。电气工程图中常用辅助文字符号及其新旧符号对照见表 3-7。

表 3-7　常用辅助文字符号及新旧符号对照

序号	名称	新符号	旧符号 单组合	旧符号 多组合	序号	名称	新符号	旧符号 单组合	旧符号 多组合
1	高	H	G	G	16	交流	AC	JL	J
2	低	L	D	D	17	电压	V	Y	Y
3	升	U	S	S	18	电流	A	L	L
4	降	D	J	J	19	时间	T	S	S
5	主	M	Z	Z	20	闭合	ON	BH	B
6	辅	AUX	F	F	21	断开	OFF	DK	D
7	中	M	Z	Z	22	附加	ADD	F	F
8	正	FW	Z	Z	23	异步	ASY	Y	Y
9	反	R	F	F	24	同步	SYN	T	T
10	红	RD	H	H	25	自动	A, AUT	Z	Z
11	绿	GN	L	L	26	手动	M, MAN	S	S
12	黄	YE	U	U	27	启动	ST	Q	Q
13	白	WH	B	B	28	停止	STP	T	T
14	蓝	BL	A	A	29	控制	C	K	K
15	直流	DC	ZL	Z	30	信号	S	X	X

（3）文字符号的组合

新的文字符号组合形式一般为

基本符号＋辅助符号＋数字序号

例如：第一个时间继电器，其符号为 KT1；第 2 组熔断器，其符号为 FU2。

旧的文字符号组合形式一般为

数字序号＋基本符号＋辅助符号

例如：第一个时间继电器，其符号为 1JS；第 2 组熔断器，其符号为 2RD。

（4）特殊用途文字符号

电气工程图中，一些特殊用途的接线端子、导线等，通常采用一些专用文字符号。常用的一些特殊用途文字符号见表 3-8。

3. 电气技术中的项目代号

《电气技术中的项目代号》(GB/T5094—1985)规定了电气图和其他技术文件中项目代号的组成方法和应用原则，这是与电气图密切相关的一个标准。从阅读电气工程图出发，很有必要了解项目代号的含义和组成。

（1）项目代号的含义。在图上通常用一个图形符号表示的基本件、部件、组件、功能单元、设备、系统等称为项目。项目的大小可能相差很大，电容器、端子板、发动机、电源装置、电力系统等都可称为项目。

（2）项目代号的组成。一个完整的项目代号由 4 个代号段组成，分别是：

①高层代号段，其前缀符号为"＝"；

②种类代号段，其前缀符号为"－"；

③位置代号段，其前缀符号为"＋"；

④端子代号段，其前缀符号为"："。

项目代号是用来识别项目的特定代码，一个项目可由一个代号段组成（较简单的电气图只标注种类代号或高层代号），也可由几个代号段组成。

表 3-8　特殊用途文字符号

序号	名称	文字符号	备注(旧)	序号	名称	文字符号	备注(旧)
1	交流系统电源第1相	L1	A	11	接地	E	D
2	交流系统电源第2相	L2	B	12	保护接地	PE	
3	交流系统电源第3相	L3	C	13	不接地保护	PU	
4	中性线	N	0	14	保护接地线和中性线共用	PEN	
5	交流系统设备第1相	U	A	15	无噪声接地	TE	
6	交流系统设备第2相	V	B	16	机壳和机架	MM	
7	交流系统设备第3相	W	C	17	等电位	CC	
8	直流系统电源正极	L+		18	交流电	AC	JL

续表

序号	名称	文字符号	备注（旧）	序号	名称	文字符号	备注（旧）
9	直流系统电源负极	L—		19	直流电	DC	DL
10	直流系统电源中间线	M	Z				

二、电气图

使用国家规定的统一的电工图形、符号,按照国家颁布的相关电气技术标准绘制的,表示电气装置中的各元件及其相互联系的线路,称为电气线路图。按其在系统中的作用,可分为一次接线图和二次接线图。

电力系统中的电气设备按作用不同可分为一次设备和二次设备。一次设备是指直接进行电能的生产、输送、分配的电气设备,包括发电机、变压器、母线、架空线路、电力电缆、断路器、隔离开关、电流互感器、电压互感器、避雷器等。二次设备对一次设备起检测、控制、调节和保护的作用,包括各种测量仪表、控制和信号器具、继电保护和安全装置等。由一次设备连接组成的电路称为一次接线或主接线。描述一次接线的图纸就称为一次接线图或主接线图,通常用单线表示。泵站系统中与一次主接线相连的设备有电动机、断路器、隔离开关、母线、变压器及与供电系统相连的设备,以及供给站内辅助设备的回路。在主接线图上,同时还标有各种测量、计量、保护等回路,并详细注明了各元件的型号、规格、数量、接线方式、回路编号等,以便在安装、运行、维护时检查。

主接线图是泵站运行人员进行各种操作和事故处理的主要依据之一。泵站运行人员必须熟悉主接线图,熟练掌握泵站电气系统中各种电气设备的用途、性能,以及运行、检查、维护、巡视项目和操作程序,保证设备安全运行。

由二次设备按一定要求构成的电路称为二次接线或二次回路,二次回路一般包括控制回路、继电保护回路、测量回路、信号回路、自动装置回路、计算机监控回路等。描述二次回路的图纸就称为二次接线图或二次回路图。

二次接线图常常涉及的设备数量较多、内容较复杂,为便于安装与查对,常在各回路上采用编号的形式注明各回路号。具体表示方法如下。在设备安装接线图上,设备之间的连接不是以线条直接相连的,而是采用一种"相对编号法"来表示的。例如,要将两个不同屏内设备用电缆连接起来,常表示为,甲设备端子排(某根电缆)标出乙设备端子排的编号。简单地说,就是"甲设备端编乙的号,乙设备端编甲的号",两端相互对应。

屏内设备与屏外设备相连接时,用一些专门的接线端子作为中间过渡连接,这些接线端子组合在一起,便称为端子排。接线端子一般分为普通端子、连接端子、试验端子和终端端子等形式。其功能分别是:①普通端子用来连接屏外至屏内或屏内至屏外的导线;②连接端子用来连接有分支的二次回路导线,带有横向连接排,可与邻近端子板相连;③试验端子用来在不断开二次回路的情况下,对仪表、断路器进行试验;④终端端子用来固定或分割不同安装项目。

端子排常位于屏后左右两侧。为便于查找与安装,端子排在屏后排列,左右顺序依次按下列回路排列:①交流电流回路;②交流电压回路;③信号回路;④直流回路;⑤其他回路;⑥转接回路。现在有的厂家为避免强弱电产生的磁场相互干扰,将通信接线端子与交直流端子分置于柜内不同的间隔中。

泵站中常用的电气图有一次系统图、二次系统图、设备平面布置图、电缆走向布置图及安装图(屏内设备布置图、屏内设备接线图、屏后设备布置图、端子图等)。运行人员工作中常使用一、二次系统接线图、端子图等查对线路排除故障。

三、电气图常用的图形符号

电气图中常用的图形符号、文字符号由国家制定的统一标准规定。目前有两个标准在使用,一个是《电气简图用图形符号》(GB/T4728.1);一个是《电气设备用图形符号》(GB/T5465.1)。GB/T5465.1除适用于电气设备及部件,还可以在各电气设计图中直接应用,补充所包含的内容。

四、电气图识读方法

1. 识读电气图的基本要求

(1) 掌握电气图用图形符号和文字符号

电气图用图形符号、文字符号(表 3-9)以及项目代号、电气接线端子标志等是电气图的象形文字,是"词汇""句法及语法",相当于看书除识字、识词,还要懂得一些句法、语法。图形符号、文字符号很多,必须能熟记会用。可以根据个人所从事的工作和专业,识读各专业共用和本专业专用的电气符号,然后再逐步扩大。

(2) 掌握电气图的绘制特点

各类电气图都有各自的绘制方法和绘制特点,掌握了这些特点就能提高识图效率。

表 3-9　电气图中常用的图形符号及文字符号

名称		图形符号	文字符号	名称	图形符号	文字符号	名称	图形符号	文字符号
一般三极电源开关			Q	线圈	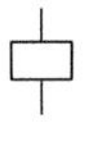		接插件	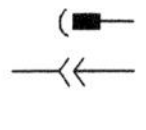	X
低压断路器			QF	延时闭合的动合触点	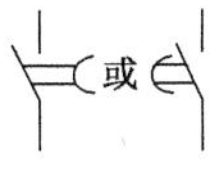 或		电磁铁	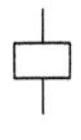	YA
行程开关	动合触点	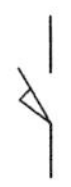	SQ	延时断开的动断触点	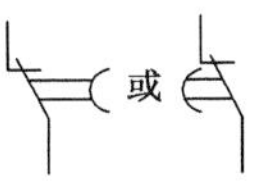 或	时间继电器 KT	电磁吸盘	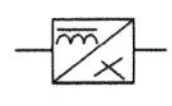	YH
	动断触点			延时闭合的动断触点	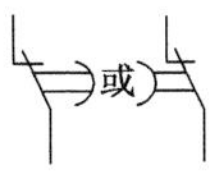 或		三相笼型感应电动机	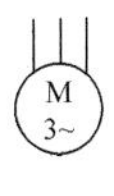	M
	复合触点			延时断开的动合触点	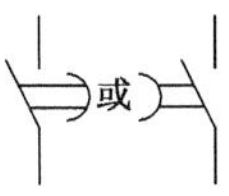 或		三相感应型感应电动机	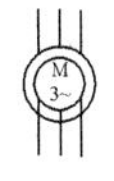	M

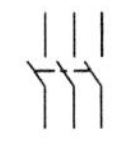

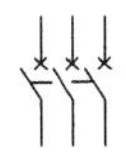

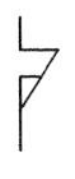

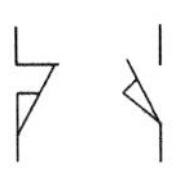

105

续表

名称	图形符号	文字符号	名称	图形符号	文字符号	名称	图形符号	文字符号
熔断器		FU	热继电器 — 热元件	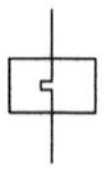	FR	单相变压器 整流变压器 照明变压器	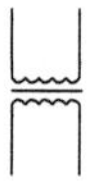	T
						控制变压器		TC
接触器 — 线圈	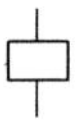	KM	热继电器 — 动断触点	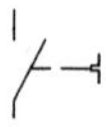		制动电磁铁	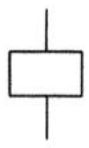	YR
接触器 — 主触点		KM	转换开关	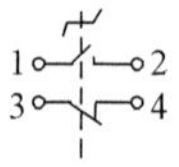 1 2 3 4	SA	电磁离合器	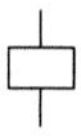	YC
接触器 — 动合辅助触点		KM	继电器 — 中间继电器	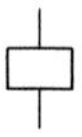	KA	电位器	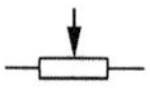	RP
接触器 — 动断辅助触点		KM	继电器 — 欠压继电器	 U<	KV	桥式整流器		VC
按钮 — 动合按钮		SB	继电器 — 动合触点		相应继电器符号	照明灯	⊗	EL
按钮 — 动断按钮		SB	继电器 — 动断触点			信号灯		HL
按钮 — 复合按钮		SB	二极管		VD			
			三极管（晶体管）		VT			

由于电气图不像机械图、建筑图那样直观形象和比较集中，因此识读时要将各种有关的图纸联系起来，对照阅读。如通过系统图、电路图找联系，通过接线图、位置图找位置，交错阅读，则可收到事半功倍的效果。

（3）将电气图与其他图对应识读

电气工程往往与主体工程及其他工程如工艺管道、采暖通风管道、通信线路、机械设备等安装工程配合进行。如电气设备与土建平面布置、立面布置有关；线路走向与建筑结构的梁、柱、门窗、楼板的位置等有关，还与管道的规格、用途、走向有关；安装方法与墙体结构、楼板材料等有关；特别是一些暗敷线路、电气设备基础及各种电气预埋件与土建工程有关,这些均要求将电气图与其他图对应起来识读。

(4)掌握涉及电气图的有关标准和规程

识读电气图的主要目的是指导设备的安装、运行、维修和管理。而一些技术要求不可能都在图纸上反映出来,也不能一一标注清楚,因而在读电气图时,还必须了解有关标准、规程,这样才能正确识读图。

2. 电气图识读的基本步骤

要想看懂电气原理图,必须熟记电气图形符号所代表的电气设备、装置和控制元件,在此基础上才能看懂电气原理图。由于电气项目类别、规模大小、应用范围不同,电气图的种类和数量相差很大。电气图的识读应按照一定步骤进行阅读。

(1)了解说明书

了解电气设备说明书,目的是了解电气设备总体概况及设计依据,了解图纸中未能表达清楚的各有关事项,了解电气设备的机械结构、电气传动方式、对电气控制的要求、设备和元器件的布置情况,以及电气设备的使用操作方法及各种开关、按钮等的作用。

(2)理解图纸说明

看图纸说明,搞清楚设计的内容和安装要求,就能了解图纸的大体情况,抓住看图的要点,如图纸目录、技术说明、电气设备材料明细表、元件明细表、设计和安装说明书等,这样有助于从整体上理解电气设备的概况。

(3)掌握系统图和框图

由于系统图和框图只是概略表示系统或分系统的基本组成、相互关系及主要特征,紧接着要详细看电路图,才能清楚它们的工作原理。系统图和框图多采用单线图,只有某些380/220 V低压配电系统图才部分地采用多线图表示。

(4)熟悉电路图

电路图是电气图的核心,也是内容最丰富但最难识读的电气图。看电路图时,先要分清主电路和辅助电路、交流回路和直流回路,其次按照先看主电路、后看辅助电路的顺序进行识读。

看主电路时,通常要从下往上看,即从用电设备开始,经控制元件依次往电源端看;当然也可按绘图顺序由上而下,即由电源经开关设备及导线向负载方向看,也就是清楚电源是怎样给负载供电的。看辅助电路时,要从上而下、从左向右看,即先看电源,再依次看各条回路,分析各条回路元件的工作情况及其对主电路的控制关系。

通过看主电路,要搞清楚电气负载是怎样获取电能的;电源线都经过哪些元件到达负载,以及这些元件的作用、功能。通过看辅助电路,应搞清辅助电路的回路构成、各元件之间的相互联系和控制关系及其动作情况等。同时还要了解辅助电路与主电路之间的相互关系,进而搞清整个电路的工作原理和来龙去脉。

(5)清楚电路图与接线图的关系

接线图是以电路为依据的,因此要对照电路图来看接线图。看接线图时要根据端子标志、回路标号从电源端依次查下去,搞清线路走向和电路的连接方法,搞清每个回路是怎样通过各个元件构成闭合回路的。看安装接线图时,先看主电路,后看辅助回路。看主电路时,从电源引入端开始,顺序经开关设备、线路到负载(用电设备)。看辅助电路时,要从电源的一端到电源的另一端,按元件连接顺序对每一个回路进行分析。接线图中的线号是电气元件间导线连接的标记,线号相同的导线原则上都可以接在一起。由于接线图多采用单线表示,因此对导线的走向应加以辨别,还要搞清端子板内外电路的连接。配电盘内外线路相互连接必须通过接线端子板,因此看接线图时,要把配电盘内外的线路走向搞清楚,就必须注意搞清端子板的接线情况。

阅读图纸的顺序没有统一的规定,可以根据需要自己灵活掌握,并应有所侧重,有时一幅图纸需反复阅读多遍,实际读图时,要根据图的种类做相应调整。

3. 电气图识读的方法

(1)掌握理论知识

要想看懂电气原理图,必须具备一定的电工、电子技术理论知识。如三相电动机的正反转控制,是利用电动机的旋转磁场方向由三相交流电的相序决定的原理,采用倒顺开关或两个接触器实现切换,从而改变接入电动机的三相交流电相序,实现电动机正反转。

(2)熟悉电气元器件结构

电路是由各种电气设备、元器件组成的,如电力供配电系统中的变压器、各种开关、接触器、继电器、熔断器、互感器等,电子电路中的电阻器、电感器、电容器、二极管、三极管、晶闸管及各种集成电路等。因此,熟悉这些电气设备、装置和控制元件、元器件的结构、动作工作原理、用途和它们与周围元器件的关系以及在整个电路中的地位和作用,熟悉具体机械设备、装置或控制系统的工作状态,有利于电气原理图的识读。

(3)结合典型电路识读图

所谓典型电路,就是常用的基本电路。如三相感应电动机的启动、制动、正反转、过载保护、连锁电路等,供配电系统中电气主接线常用的单母线主接线,电子电路中三极管放大电路、整流电路、振荡电路等,都是典型电路。

无论多么复杂的电路图,都是由若干典型电路所组成的。因此,熟悉各种典型电路,对于看懂复杂的电路图有很大帮助,不仅看图时能很快分清主次环节、信号流向,抓住主要矛盾,而且不易搞错。

(4)根据电气制图要求识读图

电气图的绘制有一定的基本规则和要求,按照这些规则和要求画出的图,具有规范性、通用性和示意性。例如,电气图的图形符号和文字符号的含义、图线的种类、主辅电路的位置、表达形式和方法等,电气制图都对其有基本规则和要求。掌握熟悉这些内容对识读图有很大的帮助。

(5)分清控制线路的主辅电路

分析主电路的关键是弄清楚主电路中用电器的工作状态是由哪些控制元件控制的。将控制与被控制关系弄清楚,可以说电气原理图基本也就读懂了。分析控制电路就是弄清楚控制电路中各个控制元件之间的关系,弄清楚控制电路中哪些控制元件控制主电路中用电负载状态的改变。分析控制电路时最好是按照每条支路中串联的控制元件的相互制约关系去分析,然后再看该支路控制元件动作对其他支路中的控制元件有什么影响。采取逐渐推进法分析是比较好的方法。控制电路比较复杂时,最好是将控制电路分为若干个单元电路,然后将各个单元电路分开分析,以便抓住核心环节,使复杂问题简化。

第四章 计算机及自动化基础

第一节 计算机的介绍

电子计算机(Electronic Computer)又称电脑(Computer),诞生于20世纪40年代。本章主要介绍计算机的一些基础知识,通过本章的学习,了解计算机的发展、特点及用途;了解计算机中使用的数制和各数制之间的转换;弄清计算机的主要组成部件及各部件的主要功能等基本知识。

一、计算机的发展概况

自从1946年第一台电子计算机问世以来,计算机科学与技术已成为20世纪发展最快的一门学科,尤其是微型计算机的出现和计算机网络的发展,使计算机的应用渗透到社会的各个领域,有力地推动了信息社会的发展。多年来,人们以计算机物理器件的变革作为标志,把计算机的发展划分为四代。

第一代(1946—1958年)是电子管计算机,计算机使用的主要逻辑元件是电子管,也称电子管时代。主存储器先采用延迟线,后采用磁鼓磁芯,外存储器使用磁带。软件方面,用机器语言和汇编语言编写程序。这个时期计算机的特点是,体积庞大、运算速度低(一般每秒几千次到几万次)、成本高、可靠性差、内存容量小。这个时期的计算机主要用于科学计算,从事军事和科学研究方面的工作。其代表机型有:ENIAC、IBM650(小型机)、IBM709(大型机)等。

第二代(1959—1964年)是晶体管计算机,这个时期计算机使用的主要逻辑元件是晶体管,也称晶体管时代。主存储器采用磁芯,外存储器使用磁带和磁盘。软件方面开始使用管理程序,后期使用操作系统并出现了FORTRAN、COBOL、ALGOL等一系列高级程序设计语言。这个时期计算机的应用扩展到数据处理、自动控制等方面。计算机的运行速度已提高到每秒几十万次,体积已大大减小,可靠性和内存容量也有较大的提高。其代表机型有:IBM7090、IBM7094、CDC7600等。

第三代(1965—1970年)是集成电路计算机,这个时期的计算机用中小规模集成电路代替了分立元件,用半导体存储器代替了磁芯存储器,外存储器使用磁盘。软件方面,操作系统进一步完善,高级语言数量增多,出现了并行处理、多处理机、虚拟存储系统以及面向用户的应用软件。计算机的运行速度也提高到每秒几十万次到几百万次,可靠性和存储容量进一步提高,外部设备种类繁多,计算机和通信密切结合起来,广泛地应用到科学计算、数据处理、事务管理、工业控制等领域。其代表机器有：IBM360系列、富士通F230系列等。

第四代(1971年以后)是大规模和超大规模集成电路计算机,这个时期的计算机主要逻辑元件是大规模和超大规模集成电路,一般称大规模集成电路时代。主存储器采用半导体,外存储器采用大容量的软、硬磁盘,并开始引入光盘。软件方面,操作系统不断发展和完善,同时发展了数据库管理系统、通信软件等。计算机的发展进入了以计算机网络为特征的时代。计算机的运行速度可达到每秒上千万次到万亿次,计算机的存储容量和可靠性又有了很大提高,功能更加完备。这个时期计算机的类型除小型、中型、大型机外,开始向巨型机和微型机(个人计算机)两个方面发展。计算机开始进入了办公室、学校和家庭。

目前新一代计算机正处在设想和研制阶段。新一代计算机是把信息采集、存储处理、通信和人工智能结合在一起的计算机系统,也就是说,新一代计算机以处理数据信息为主,转向处理知识信息为主,如获取、表达、存储及应用知识等,并有推理、联想和学习(如理解能力、适应能力、思维能力)等人工智能方面的能力,能帮助人类开拓未知的领域和获取新的知识。

计算机的发展日新月异。1983年我国湖南国防科大研制成功"银河-Ⅰ"巨型计算机,运行速度达每秒一亿次。1992年,国防科技大学计算机研究所研制的巨型计算机"银河-Ⅱ"通过鉴定,该机运行速度为每秒10亿次。目前我国又研制成功了"银河-Ⅲ"巨型计算机,运行速度已达到每秒130亿次,其系统的综合技术已达到当前国际先进水平,填补了我国通用巨型计算机的空白,标志我国计算机的研制技术已进入世界先进行列。

二、微型计算机的发展历程

随着20世纪70年代大规模集成电路的发展和微处理器Intel4004和Intel8008的出现,微型计算机诞生了。微型计算机以微处理器为核心,它随着微处理器的发展而发展,从第一代个人微型计算机问世到现在,微处理器芯片已经发展到第六代产品。

第一代微处理器(1971—1973年),以4位微处理器Intel4004和8位Intel8008为代表。Intel4004主要用于计算器、电动打字机、照相机、台秤、电视机等家用电器上,用来提高家用电器的性能。Intel8008是世界上第一种8位微处理器,它的指令系统不完整,存储器容量只有几百字节,没有操作系统,只有汇编语言,主要用于工业仪表、过程控制。

第二代微处理器(1974—1977年),以微处理器Intel8080、Zilog公司的Z80和Motorola公司的M6800为代表。与第一代微处理器相比,集成度提高了1～4倍,运算速度提高了10～15倍,指令系统相对比较完善,已具备典型的计算机体系结构及中断、直接存储器存取等功能。

第三代微处理器(1978—1984年),以16位微处理器Intel8086,准16位微处理器Intel8088、Zilog公司的Z8000、Motorola公司的M68000和16位微处理器80286、M68020、Z80000为代表。美国IBM公司将8088芯片用于其研制的IBM-PC机中,从而开创了全新的微机时代,个人计算机真正走进了人们的工作和生活之中。

第四代微处理器(1985—1992年),32位微处理器时代。1985年英特尔(Intel)公司发布了 80386DX,其内部包含 27.5 万个晶体管,时钟频率为 12.5 MHz,后逐步提高到 20 MHz、25 MHz、33 MHz、40 MHz。1989 年 Intel 公司推出 80486 芯片,集成了 120 万个晶体管,使用 1 μm 的制造工艺。时钟频率从 25 MHz 逐步提高到 33 MHz、40 MHz、50 MHz。

第五代微处理器(1993—2005 年),第五代是奔腾(Pentium)系列微处理器时代,是从 32 位微处理器向 64 位过渡的时代,典型产品是 Intel 公司的奔腾系列芯片及与之兼容的 AMD 公司的 K6 系列微处理器芯片,如 Intel 公司 1997 年推出的 PentiumMMX、2000 年开始推出的 Pentium4,以及 2005 年开始推出的双核心的 PentiumD 和 PentiumEE 等。随着 MMX(Multi Mediae Xtended)微处理器的出现,微机的发展在网络化、多媒体化和智能化等方面跨上了更高的台阶。

第六代微处理器(2005 年以后),是酷睿(Core)系列微处理器时代。代表产品有酷睿 2 (Core 2 Duo),酷睿 i7、酷睿 i5、酷睿 i3 等。64 位微处理器成为主导产品。酷睿 i7 是一款 45 nm 原生四核处理器,处理器拥有 8 MB 三级缓存,支持三通道 DDR3 内存,处理器采用 LGA1366 针脚设计,处理器能以八线程运行。酷睿 i7 的时钟频率达到 3 GHz 以上。

三、计算机的发展趋势

由于计算机技术发展十分迅速,产品不断更新换代。未来的计算机将向巨型化、微型化、网络化、智能化方向发展,将更加广泛地应用于用户的工作和生活中。

(1)巨型化:巨型化是指发展速度更快、存储容量更大、功能更强、可靠性更高的巨型计算机。例如,我国的"银河""曙光""天河""星云",以及美国的"泰坦""美洲虎"。巨型机的发展集中体现了计算机科学的水平。

(2)微型化:微型化是指发展体积更小、功能更强、集成度和可靠性更高、价格更便宜、适用范围更广的计算机。

(3)网络化:网络化是指利用现代通信技术把分布在不同地理位置的计算机互联起来,组成能实现硬件、软件资源共享和相互交流的计算机网络。

(4)智能化:智能化是指使计算机模拟人的思维活动,利用计算机的"记忆"和逻辑判断能力,识别文字、图像和翻译各种语言,使其具有思考、推理、联想和证明等功能。

除了以上几个发展方向之外,人们还将研究光子计算机、生物计算机、超导计算机、纳米计算机、量子计算机。研究的目标是打破现有计算机基于集成电路的体系结构,使得计算机能够像人那样具有思维、推理和判断能力。

(1)光子(Photon)计算机利用光子取代电子进行数据运算、数据存储和数据传输,用不同的波长表示不同的数据。光子计算机的运算速度可能比现在的计算机的速度快 1 000 倍,具有超强的抗干扰能力和并行处理能力。

(2)生物(DNA)计算机使用生物芯片,它的存储能力巨大,它的运算速度将比现在的计算机快十万倍,而能耗仅为现有计算机的十亿分之一。生物计算机具有生物体的一些特点,如能自动修复芯片的故障。

(3)超导(Superconductor)计算机由特殊性能的超导开关器件、超导存储器件和电路制成。目前的超导开关器件的开关速度比集成电路要快几百倍,而能耗仅为现有大规模集成电路的千分之一。

（4）纳米（Nanometer）计算机是将纳米技术应用于计算机领域所研制的新型计算机。"纳米"本是一种计量长度的单位，$1\ nm=10^{-9}\ m$，应用纳米技术研制的计算机内存芯片的体积不超过数百个原子的大小，仅相当于人的头发丝直径的千分之一。纳米计算机几乎不耗费能量，它的运算速度是使用硅芯片计算机的一万五千倍。

（5）量子（Quantum）计算机以处于量子状态的原子作为中央处理器和内存，利用原子的量子特性进行信息处理。量子位由一组原子实现，它们协同工作起到计算机内存和处理器的作用。由于原子具有在同一时间处于两个不同位置的奇妙特性，即处于量子位的原子既可以代表 1 或 0，也可以同时代表 1 和 0 及其之间的某个值，所以量子位是晶体管电子位的两倍。

四、计算机的特点

计算机作为一种通用的信息处理工具，它具有极高的处理速度、很强的存储能力、精确的计算和逻辑判断能力，其主要特点如下。

（1）运算速度快

当今计算机系统的运算速度已达到每秒万亿次，微机也可达每秒亿次以上，使大量复杂的科学计算问题得以解决。例如：卫星轨道的计算、大型水坝的计算、24 h 天气预报的计算等，过去人工计算需要几年、几十年，而现在用计算机只需几天甚至几分钟就可完成。

（2）计算精确度高

科学技术的发展特别是尖端科学技术的发展，需要高度精确的计算。计算机控制的导弹能准确地击中预定的目标，与计算机的精确计算是分不开的。一般计算机可以有十几位甚至几十位（二进制）有效数字，计算精度可由百万分之几到千分之几，是任何计算工具所望尘莫及的。

（3）具有记忆和逻辑判断能力

随着计算机存储容量的不断增大，可存储记忆的信息越来越多。计算机不仅能进行计算，而且能把参加运算的数据、程序以及中间结果和最后结果保存起来，以供用户随时调用；还可以对各种信息（如语言、文字、图形、图像、音乐等）通过编码技术进行算术运算和逻辑运算，甚至进行推理和证明。

（4）有自动控制能力

计算机内部操作是根据人们事先编好的程序自动控制进行的。用户根据解题需要，事先设计好运行步骤与程序，计算机十分严格地按程序规定的步骤操作，整个过程不需人工干预。

第二节　计算机的应用领域

计算机的应用已渗透到社会的各个领域，正在改变着人们的工作、学习和生活的方式，推动着社会的发展。归纳起来可分为以下几个方面。

（1）科学计算（数值计算）

科学计算也称数值计算。计算机最开始是为解决科学研究和工程设计中遇到的大量数学问题的数值计算而研制的计算工具。随着现代科学技术的进一步发展，数值计算在现代科学研究中的地位不断提高，在尖端科学领域中显得尤为重要。例如，人造卫星轨迹的计算，房屋抗震强度的计算，火箭、宇宙飞船的研究设计都离不开计算机的精确计算。在工业、农业以及人类社会的各领域中，计算机的应用都取得了许多重大突破，就连我们每天收听收看的天气预报都离不开计算机的科学计算。

（2）数据处理（信息处理）

在科学研究和工程技术中，会得到大量的原始数据，其中包括大量图片、文字、声音等，信息处理就是对数据进行收集、分类、排序、存储、计算、传输、制表等操作。目前计算机的信息处理应用已非常普遍，如人事管理、库存管理、财务管理、图书资料管理、商业数据交流、情报检索、经济管理等。信息处理已成为当代计算机的主要任务，是现代化管理的基础。据统计，全世界计算机用于数据处理的工作量占全部计算机应用的80%以上，大大提高了工作效率，提高了管理水平。

（3）自动控制

自动控制是指通过计算机对某一过程进行自动操作，它不需人工干预，能按人预定的目标和预定的状态进行过程控制。所谓过程控制是指对操作数据进行实时采集、检测、处理和判断，按最佳值进行调节的过程。目前被广泛用于操作复杂的钢铁企业、石油化工业、医药工业等生产中。使用计算机进行自动控制可大大提高控制的实时性和准确性，提高劳动效率、产品质量，降低成本，缩短生产周期。计算机自动控制还在国防和航空航天领域中起决定性作用，例如，无人驾驶飞机、导弹、人造卫星和宇宙飞船等飞行器的控制，都是靠计算机实现的。可以说计算机是现代国防和航空航天领域的神经中枢。

（4）计算机辅助设计和辅助教学

计算机辅助设计（Computer Aided Design，简称CAD）是指借助计算机的帮助，人们可以自动或半自动地完成各类工程设计工作。目前CAD技术已应用于飞机设计、船舶设计、建筑设计、机械设计、大规模集成电路设计等。在京九铁路的勘测设计中，使用计算机辅助设计系统绘制一张图纸仅需几个小时，而过去人工完成同样工作则要一周甚至更长时间。可见采用计算机辅助设计，可缩短设计时间，提高工作效率，节省人力、物力和财力，更重要的是提高了设计质量。CAD已得到各国工程技术人员的高度重视。有些国家已把CAD和计算机辅助制造（Computer Aided Manufacturing）、计算机辅助测试（Computer Aided Test）及计算机辅助工程（Computer Aided Engineering）组成一个集成系统，使设计、制造、测试和管理有机地组成为一体，形成高度自动化的系统，由此产生了自动化生产线和"无人工厂"。

计算机辅助教学（Computer Aided Instruction，简称CAI）是指用计算机来辅助完成教学计划或模拟某个实验过程。计算机可按不同要求，分别提供所需教材内容，还可以个别教学，及时指出该学生在学习中出现的错误，根据计算机对该生的测试成绩决定该生的学习从一个阶段进入另一个阶段。CAI不仅能减轻教师的负担，还能激发学生的学习兴趣，提高教学质量，为培养高质量现代化人才提供了有效方法。

（5）人工智能方面的研究和应用

人工智能（Artificial Intelligence，简称 AI），是指计算机模拟人类某些智力行为的理论、技术和应用。人工智能是计算机应用的一个新的领域，这方面的研究和应用正处于发展阶段，在医疗诊断、定理证明、语言翻译、机器人等方面，已有了显著的成效。例如，用计算机模拟人脑的部分功能进行思维学习、推理、联想和决策，使计算机具有一定"思维能力"。我国已开发成功一些中医专家诊断系统，可以模拟名医给患者诊病开方。机器人是计算机人工智能的典型例子。机器人的核心是计算机。第一代机器人是机械手；第二代机器人能够反馈外界信息，有一定的触觉、视觉、听觉；第三代机器人是智能机器人，具有感知和理解周围环境，使用语言、推理、规划和操纵工具的技能，模仿人完成某些动作。机器人不怕疲劳，精确度高，适应力强，现已开始用于搬运、喷漆、焊接、装配等工作中。机器人还能代替人在危险环境中进行繁重的劳动，如在有放射线、污染有毒、高温、低温、高压、水下等环境中工作。

（6）多媒体技术应用

随着电子技术特别是通信和计算机技术的发展，人们已经有能力把文本、音频、视频、动画、图形和图像等各种媒体综合起来，构成一种全新的概念——多媒体（Multimedia）。在医疗、教育、商业、银行、保险、行政管理、军事、工业、广播和出版等领域中，多媒体的应用发展很快。随着网络技术的发展，计算机的应用进一步深入到社会的各行各业，通过高速信息网实现数据与信息的查询、高速通信服务（电子邮件、电视电话、电视会议、文档传输）、电子教育、电子娱乐、电子购物（通过网络选看商品、办理购物手续、进行质量投诉等）、远程医疗和会诊、交通信息管理等。计算机的应用将推动信息社会更快地向前发展。

第三节　计算机的分类

随着计算机技术的发展和应用，尤其是微处理器的发展，计算机的类型越来越多样化。根据用途及其使用的范围，计算机可分为通用机和专用机。通用机的特点是通用性强，具有很强的综合处理能力，能够解决各种类型的问题。专用机则功能单一，配有解决特定问题的软、硬件，但能够高速、可靠地解决特定的问题。从计算机的运算速度和性能等指标来看，计算机主要有：高性能计算机、微型机、工作站、服务器、嵌入式计算机等。这种分类标准不是固定不变的，只能针对某一个时期。现在是大型机，过了若干年后可能成了小型机。

（1）高性能计算机

高性能计算机在过去被称为巨型机或大型机，是指目前速度最快、处理能力最强的计算机。根据 2008 年 11 月公布的第 32 次全球超级计算机 500 强榜单，当时运算速度最快的是 IBM 公司研制的 Roadrunner（走鹃），它的实测速度可达到每秒 1.105 千万亿次浮点运算，理论峰值运算速度为每秒 1.456 7 千万亿次浮点运算。高性能计算机数量不多，但却有重要和特殊的用途。在军事上，可用于战略防御系统、大型预警系统、航天测控系统等；在民用方面，可用于大区域中长期天气预报、大面积物探信息处理系统、大型科学计算和模拟系统等。

中国的巨型机之父是 2002 年国家最高科学技术奖获得者金怡濂院士。他在 20 世纪 90 年代初提出了一个超大规模巨型计算机研制的全新的跨越式方案,这一方案把巨型机的峰值运算速度从每秒 10 亿次提高到每秒 3 000 亿次以上,跨越了两个数量级,闯出了一条中国巨型机赶超世界先进水平的发展道路。

近年来,我国高性能计算机的研发也取得了很大的成绩,推出了"曙光""深腾"等代表国内最高水平的高性能计算机,并在国民经济的关键领域得到了应用。联想的深腾 6800 实际运算速度为每秒 4.183 万亿次,峰值运算速度为每秒 5.324 万亿次。2008 年 11 月,曙光 5000 A 以峰值运算速度 230 万亿次、Linpack 实测值 180.6 万亿次的成绩跻身世界超级计算机前 10 名,这意味着我国已经成为拥有速度最快超级计算机的国家之一。

（2）微型计算机（个人计算机）

微型计算机又称个人计算机（Personal Computer,PC）。1971 年 Intel 公司的工程师马西安·霍夫（M. E. Hoff）成功地在一个芯片上实现了中央处理器（Central Processing Unit,CPU）的功能,制成了世界上第一片 4 位微处理器 Intel4004,组成了世界上第一台 4 位微型计算机——MCS-4,从此拉开了世界微型计算机大发展的帷幕。随后许多公司（如 Motorola、Zilog 等）也争相研制微处理器,推出了 8 位、16 位、32 位、64 位的微处理器。每 18 个月,微处理器的集成度和处理速度就提高一倍,价格却下降一半。在目前的市场上 CPU 主要有:Intel 的 Pentium 系列、Celeron 系列、Core 系列和 AMD 的 Athlon 系列等。

自 IBM 公司于 1981 年采用 Intel 的微处理器推出 IBM PC 以来,微型计算机因其小、巧、轻、使用方便、价格便宜等优点在过去 20 多年中得到迅速的发展,成为计算机的主流。今天,微型计算机的应用已经遍及社会的各个领域:从工厂的生产控制到政府的办公自动化,从商店的数据处理到家庭的信息管理,几乎无所不在。

微型计算机的种类很多,主要分成 4 类:台式计算机（Desktop Computer）、笔记本计算机（Notebook Computer）、平板计算机（Tablet PC）、超便携个人计算机（Ultra Mobile PC）。

（3）工作站

工作站是一种介于微机与小型机之间的高档微机系统。自 1980 年美国 Appolo 公司推出世界上第一个工作站 DN-100 以来,工作站迅速发展,成为专长处理某类特殊事务的一种独立的计算机类型。

工作站通常配有高分辨率的大屏幕显示器和大容量的内存与外存储器,具有较强的数据处理能力与高性能的图形功能。

早期的工作站大都采用 Motorola 公司的 680x0 芯片,配置 UNIX 操作系统。现在的工作站多数采用 Pentium4 芯片,配置 Windows2000/XP 或者 Linux 操作系统。和传统的工作站相比,Windows/Pentium 工作站价格便宜。有人将这类工作站称为"个人工作站",而将传统的、具有高图像性能的工作站称为"技术工作站"。

（4）服务器

服务器是一种在网络环境中对外提供服务的计算机系统。从广义上讲,一台微型计算机也可以充当服务器,关键是它要安装网络操作系统、网络协议和各种服务软件;从狭义上讲,服务器是专指通过网络对外提供服务的高性能计算机。与微型计算机相比,服务器在稳定性、安全性、性能等方面要求更高,因此硬件系统的要求也更高。

根据提供的服务,服务器可以分为 Web 服务器、FTP 服务器、文件服务器、数据库服务器等。

第四节　计算机系统基础知识

一、计算机系统的组成

一个完整的计算机系统由硬件系统和软件系统两部分组成,如下文所示。硬件系统是计算机系统的物质基础,软件系统是计算机发挥功能的必要保证。

硬件是指计算机装置,即物理设备。硬件系统是组成计算机系统的各种物理设备的总称,是计算机完成各项工作的物质基础。软件是指用某种计算机语言编写的程序、数据和相关文档的集合,软件系统则是在计算机上运行的所有软件的总称。硬件是软件建立和依托的基础,软件指示计算机完成特定的工作任务,是计算机系统的灵魂。仅有硬件组成,没有软件的计算机称为"裸机","裸机"只能识别由 0 和 1 组成的机器代码,没有软件系统的计算机几乎是没有用的。实际上,用户所面对的是经过若干层软件"包装"的计算机,计算机的功能不仅仅取决于硬件系统,更大程度上是由所安装的软件系统所决定的。

当然,在计算机系统中,软件和硬件的功能没有一个明确的分界线。软件实现的功能可以用硬件来实现,称为硬化或固化,例如,微机的 ROM 芯片中就固化了系统的引导程序;同样,硬件实现的功能也可以用软件来实现,称为硬件软化,例如,在多媒体计算机中,视频卡用于对视频信息进行处理(包括获取、编码、压缩、存储、解压缩和回放等),现在的计算机一般通过软件(如播放软件)来实现对视频信息的处理。

对某些功能,是用硬件还是用软件实现,与系统价格、速度、所需存储容量及可靠性等诸多因素有关。一般来说,同一功能用硬件实现,速度快,可减少所需存储容量,但灵活性和适应性差,且成本较高;用软件实现,可提高灵活性和适应性,但通常是以降低速度来换取的。

二、计算机的硬件系统

(一)冯·诺依曼计算机模型

以美国著名的数学家冯·诺依曼为代表的研究组提出的计算机设计方案,为现代计算机的基本结构奠定了基础。

迄今为止,绝大多数实际应用的计算机都采用冯·诺依曼计算机模型。它的基本要点包括:采用二进制形式表示数据和指令;采用"存储程序"工作方式;计算机硬件部分由五大部件组成,包括运算器、控制器、存储器、输入设备和输出设备,也称其为计算机的五大部件。

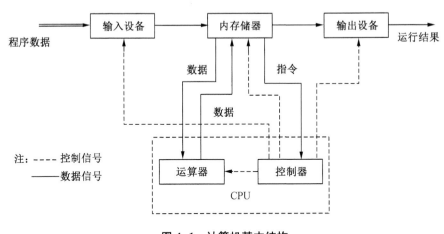

图 4-1　计算机基本结构

1. 运算器

运算器又称算术逻辑单元(Arithmetic Logic Unit,简称 ALU),是计算机对数据进行加工处理的部件,它的主要功能是对二进制数码进行加、减、乘、除等算术运算和与、或、非等基本逻辑运算,实现逻辑判断。运算器在控制器的控制下实现其功能,运算结果由控制器指挥送到内存储器中。

2. 控制器

控制器主要由指令寄存器、译码器、程序计数器和操作控制器等组成。控制器用来控制计算机各部件协调工作,并使整个处理过程有条不紊地进行。它的基本功能就是从内存中取指令和执行指令,即控制器按程序计数器指出的指令地址从内存中取出该指令进行译码,然后根据该指令功能向有关部件发出控制命令,执行该指令。另外,控制器在工作过程中,还要接收各部件反馈回来的信息。

3. 存储器

存储器具有记忆功能,用来保存信息,如数据、指令和运算结果等。存储器可分为两种:内存储器与外存储器。

(1) 内存储器(简称内存或主存)

内存储器也称主存储器(简称主存),它直接与 CPU 相连接,存储容量较小,但速度快,用来存放当前运行程序的指令和数据,并直接与 CPU 交换信息。内存储器由许多存储单元组成,每个单元能存放一个二进制数,或一条由二进制编码表示的指令。存储器的存储容量以字节为基本单位,每个字节都有自己的编号,称为"地址",如要访问存储器中的某个信息,就必须知道它的地址,然后再按地址存入或取出信息。为了度量信息存储容量,将 8 位二进制码(8 bits)称为一个字节(Byte,简称 B),字节是计算机中数据处理和存储容量的基本单位。1 024 个字节称为 1 千字节(1 KB),1 024 千字节称 1 兆字节(1 MB),1 024 兆字节称为 1 吉字节(1 GB),1 024 吉字节称为 1 太字节(TB),现在微型计算机主存容量大多数在兆字节以上。计算机处理数据时,一次可以运算的数据长度称为一个"字"(Word)。字的长度称为字长。一个字可以是一个字节,也可以是多个字节。常用的字长有 8 位、16 位、32 位、64 位等。如某一类计算机的字由 4 个字节组成,则字的长度为 32 位,相应的计算机称为 32 位机。

(2) 外存储器(简称外存或辅存)

外存储器又称辅助存储器(简称辅存),它是内存的扩充。外存存储容量大,价格低,但存储速度较慢,一般用来存放大量暂时不用的程序、数据和中间结果,需要时,可成批地和内存储器进行信息交换。外存只能与内存交换信息,不能被计算机系统的其他部件直接访问。常用的外存有磁盘、磁带、光盘等。

4. 输入/输出设备

输入/输出设备简称 I/O(Input/Output)设备。用户通过输入设备将程序和数据输入计算机,输出设备将计算机处理的结果(如数字、字母、符号和图形)显示或打印出来。常用的输入设备有:键盘、鼠标器、扫描仪、数字化仪等。常用的输出设备有:显示器、打印机、绘图仪等。

人们通常把内存储器、运算器和控制器合称为计算机主机。而把运算器、控制器做在一个大规模集成电路块上称为中央处理器,又称 CPU(Central Processing Unit)。也可以说主机是由 CPU 与内存储器组成的,而主机以外的装置称为外部设备,外部设备包括输入/输出设备、外存储器等。

(二) 微型计算机的硬件系统

一般来说,一台基本配置的微型计算机从物理结构上被分成为主机、显示器、键盘和鼠标。有些用户对计算机的使用要求比较高,配备了扩展外部设备,如打印机、扫描仪、摄像头等数字设备和主机性能的加速部件。

1. CPU

CPU 是计算机的核心,其重要性好比大脑对于人一样,它负责处理、运算计算机内部的所有数据,而与 CPU 协同工作的芯片组则更像是心脏,它控制着数据的交换。计算机选用什么样的 CPU 决定了计算机的性能,甚至决定了能够运行什么样的操作系统和应用软件,所以了解 CPU 的基础知识是非常必要的。

CPU 的性能主要有以下指标。

(1) 字长

字长是指在算术逻辑单元中进行运算的基本位数,即 CPU 能一次处理的二进制位数。对于不同的 CPU,其字长也不一样,通常将能处理字长为 32 位数据的 CPU 称为 32 位 CPU。同理,一次处理字长为 64 位数据的 CPU 就称为 64 位 CPU。

目前使用的 CPU 以 Intel 公司的产品为主,将 Intel 公司生产的 CPU 统称为 IA(Intel Architecture,简称 Intel 体系)CPU。其他公司,如 AMD 等公司生产的 CPU 基本上能在软、硬件方面与 Intel 的 CPU 兼容,通常也将其列入 IA 系列。目前使用的最新 CPU,如酷睿 i 系列 CPU,是字长为 64 位的处理器。

(2) 核心数量

核心又称为内核,是 CPU 最重要的组成部分。CPU 中心那块隆起的芯片就是核心,是由单晶硅以一定的生产工艺制造出来的。CPU 所有的计算、接受/存储命令、处理数据都由核心执行。一块 CPU 上所包含的核心个数即为核心数量,核心数量越多,CPU 的并行处理能力越强,性能越高。随着微机技术的发展,目前核心数量已从单核发展到了最高的 8 核。目前市面上较流行的 Intel CPU 酷睿 i3 系列均为双核,酷睿 i5、i7 系列 CPU 以 4 个核心为主,部分高配的酷睿 i7 和 AMD 的 CPU 则有 6 个核心或 8 个核心,在服务器级别的 CPU 中甚至有 12 个核心。

(3) 主频

CPU 主频又称为 CPU 工作频率,即 CPU 内核运行时的时钟频率。CPU 主频的高低直接影响 CPU 的运行速度,CPU 主频＝外频×倍频系数。外频是由主机板为 CPU 提供的基准时钟频率,也称为前端总线频率和系统总线频率,是 CPU 与主板芯片组、内存交换数据的频率。CPU 内部的时钟信号是由外部输入的,在 CPU 内部采用了时钟倍频技术,按一定比例提高输入时钟信号的频率,这个提高时钟频率的比例就称为倍频系数。由于受集成度和功耗的限制,目前 CPU 的主频一般都还在 3 GHz 左右。CPU 的发展趋势以增加核心数量为主,而不是提高主频。

(4) 睿频

睿频加速技术是 Intel 酷睿 i7、i5 处理器的独有特性,也是 Intel 的一项最新技术。这项技术可以理解为自动超频。当开启睿频加速之后,CPU 会根据当前的任务量自动调整 CPU 主频,使得 CPU 在执行重任务时发挥最大的性能,在执行轻任务时发挥最大节能优势。一般 CPU 的最大睿频值为 CPU 主频增加 10% 左右。例如,Intel 酷睿 i5 4670K,其主频为 3.4 GHz,最大睿频为 3.8 GHz。

(5) 核心类型

各种 CPU 核心都具有固定的逻辑结构,一级缓存、二级缓存、执行单元、指令级单元和总线接口等逻辑单元都会有科学的布局。为了便于 CPU 设计、生产、销售的管理,CPU 制造商会对各种 CPU 核心给出相应的代号,这也就是所谓的 CPU 核心类型。不同的 CPU(不同系列或同一系列)都会有不同的核心类型,如 Pentium 4 的 Northwood,Willamette 等。每一种核心类型都有其相应的制造工艺,如 45 nm、32 nm、22 nm 等,核心面积、核心电压、电流大小、晶体管数量、各级缓存的大小、主频范围、流水线架构和支持的指令集、功耗和发热量的大小、封装方式(如 PGA、FC-PGA、FC-PGA2)、接口类型、前端总线频率(FSB)等。因此,核心类型在某种程度上决定了 CPU 的工作性能。目前,三代的酷睿 i 系列 CPU(如 Intel 酷睿 i3 3220)的核心代号为 Ivy Bridge,插槽类型为 LGA1155。四代酷睿 i 系列(如上述中的 Intel 酷睿 i5 4670K)其核心代号为 Haswell,插槽类型为 LGA1150。

(6) 快速缓存

CPU 快速缓存的容量和速度对提高整个系统的速度起关键作用。目前,CPU 中快速缓存包括 L1 Cache、L2 Cache、L3 Cache,共三级缓存。L1 Cache 是 CPU 芯片内内置的高速缓存,其容量大小一般都在 512 KB 以内。L2 Cache 的设置是从 486 时代开始的,它弥补了 L1 Cache 容量的不足,以最大限度地减小主存对 CPU 运行造成的延缓。对没有 L3 Cache 的 CPU 来说,当前的 L2 Cache 一般都在 4 MB 左右。L3 Cache 出现于酷睿 i 系列的 CPU 中,L3 Cache 一般都在 6 MB 以上。

(7) 支持的扩展指令集

为了提高 CPU 处理多媒体数据的能力,当前 CPU 都增加了 x86 扩展指令的功能。x86 扩展指令主要包括 Intel 公司开发的 MMX、SSE、SSE2、SSE3 和 SSE4 等,AMP 开发的 3DNOW 及增强版 3DNOW。目前,所有 x86 系列的 CPU 都支持 MMX。但 Intel 只支持 SSE,而 AMD 仅支持 3DNOW。

(8) 生产工艺技术

以前 CPU 生产主要采用铝工艺技术,采用这种技术生产 CPU 是用金属铝沉淀在硅材料上,然后用"光刀"刻成导线连接各元器件。光刻的精度用微米(μm)表示,精度越高表示生产工艺越先进。因为精度越高则可以在同样体积的硅片上生产出更多的元件,集成度更高,耗电更少,这样生产的 CPU 主频可以有很大提高。目前,CPU 的制造工艺已经达到 22 nm 铜制造工艺。由于铜导电性能优于铝,与传统的铝工艺技术相比,铜工艺制造芯片可有效提高 CPU 的速度,进一步增加集成度,并最终取代铝工艺技术。

(9) CPU 的封装方式

CPU 按其安装插座规范可分为 Socket 和 Slot 两大架构。其中,Slot 架构主要应用于 PⅡ、PⅢ及部分赛扬系列,现在已较少使用。Socket 架构的 CPU 又分为 Socket1155、Socket1156、Socket1150、SocketAM2、SocketAM3、SocketFM2 等。目前的主流 CPU,四代的酷睿 i5 和酷睿 i7 的架构以 Socket1150 为主。

2. 内存储器(主存)

目前,微型计算机的内存由半导体器件构成。内存按功能可分为两种:只读存储器

(Read Only Memory,简称 ROM)和随机（存取）存储器（Random Access Memory,简称 RAM）。ROM 的特点是:存储的信息只能读出（取出），不能改写（存入），断电后信息不会丢失。一般用来存放专用的或固定的程序和数据。RAM 的特点是:可以读出，也可以改写，又称读写存储器。读取时不损坏原有存储的内容，只有写入时才修改原来所存储的内容。断电后，存储的内容立即消失。内存通常是按字节为单位编址的，一个字节由 8 个二进制位组成。

随着微机 CPU 工作频率的不断提高，RAM 的读写速度相对较慢，为解决内存速度与 CPU 速度不匹配，从而影响系统运行速度的问题，在 CPU 与内存之间设计了一个容量较小（相对主存）但速度较快的高速缓冲存储器（Cache），简称快存。CPU 访问指令和数据时，先访问 Cache，如果目标内容已在 Cache 中（这种情况称为命中），CPU 则直接从 Cache 中读取，否则为非命中，CPU 就从主存中读取，同时将读取的内容存于 Cache 中。Cache 可看成是主存中面向 CPU 的一组高速暂存存储器。这种技术早期在大型计算机中使用，现在应用于微机中，使微机的性能大幅度提高。随着 CPU 的速度越来越快，系统主存越来越大，Cache 的存储容量也由 128 KB、256 KB 扩大到现在的 512 KB 或 2 MB。Cache 的容量并不是越大越好，过大的 Cache 会降低 CPU 在 Cache 中查找的效率。

3. 外存储器（辅助存储器）

外存储器（简称外存）又称辅助存储器。外存储器主要由磁表面存储器和光盘存储器等设备组成。磁表面存储器可分为磁盘、磁带两大类。

（1）软磁盘存储器（软盘）

软盘技术是最古老的存储技术之一，现在已经被淘汰。之所以在这里介绍软盘技术，是为了让读者更好地理解硬盘技术。

软盘是一张柔软的圆形聚酯薄膜塑料片，在它的表面涂有磁性材料，被封装在护套内。软盘被格式化时，被逻辑地划分成若干个同心圆，每一个同心圆称为一个磁道，磁道从外向内编号，最外面的磁道称为 0 磁道；磁道又等分成若干段，每一段称为一个扇区，一个扇区一般可存放 512 B 的数据。软盘的两面都可以存储数据，因此存储容量可由下面的公式求出：

$$磁盘总容量＝磁面数×磁道数×扇区数×扇区字节数$$

例如，3.5 英寸软盘格式化后两个面上都可以存储数据，每面有 80 个磁道，每个磁道有 18 个扇区，其容量是：$2×80×18×512 B＝1.44 MB$。

以今天的视角来看，软盘存取速度慢，容量也小，可靠性也差，现在已经被 U 盘取代，但在当时作为一种携带方便的可移动存储设备曾经被广泛使用。

（2）硬磁盘存储器

硬盘（HD）是一种存取速度快、容量大的外部存储设备。硬盘的盘片是在一种金属圆盘上涂敷磁性介质制成的，因此称为硬盘。它是计算机中非常重要的部件，用户所安装的操作系统（如 Windows）及应用软件（如 Office、Photoshop、Flash）等都存放在硬盘中。决定硬盘性能的最主要的因素是两个:转速和容量。

硬盘的转速是指硬盘盘片每分钟转动的圈数，单位为 rpm（Rotation Per Minute,转/

分钟)。硬盘转速的大小决定硬盘性能的高低,转速越高,读写速度越快,等待时间越短,硬盘的整体性能越好。目前,硬盘的转速主要有 5 400 转(指每分钟)和 7 200 转这两种,在一些 SCSI 接口的硬盘中有一些达到了 10 000 转。

随着操作系统的不断变大以及多媒体技术的普及,目前对硬盘容量的要求越来越大。硬盘的容量一般以千兆字节(GB)为单位,1 GB=1 024 MB。但硬盘厂商在标称硬盘容量时通常取 1 GB=1 000 MB,因此在 BIOS 中或在格式化硬盘时看到的容量会比厂家的标称值要小。当前在一些高配置的计算机中出现以 TB 为单位的硬盘,1 TB=1 024 GB。在选择硬盘的容量时,可以考虑较大容量的硬盘。

目前世界上主要的硬盘生产厂家有:Seagate(希捷)、Western Digital(西部数据)等。

(3) 磁带存储器

磁带存储器也称为顺序存取存储器(Sequential Access Memory,简称 SAM),即磁带上的文件依次存放。磁带存储器存储容量很大,但查找速度慢,在微型计算机上一般用作后备存储装置,以便在硬盘发生故障时,恢复系统和数据。计算机系统使用的磁带机有三种类型:盘式磁带机(过去大量用于大型主机或小型机);数据流磁带机(目前主要用于微型机或小型机);螺旋扫描磁带机(原来主要用于录像机,最近也开始用于计算机)。

(4) 光盘存储器

光盘(Optical Disk)存储器是一种利用激光技术存储信息的装置。目前用于计算机系统的光盘有三类:只读型光盘、一次写入型光盘和可抹型(可擦写型)光盘。

①只读型光盘(Compact Disk-Read Only Memory,简称 CD-ROM)是一种小型光盘只读存储器。它的特点是只能写一次,而且是在制造时由厂家用冲压设备把信息写入的。写好后信息将永久保存在光盘上,用户只能读取,不能修改和写入。CD-ROM 最大的特点是存储容量大,一张 CD-ROM 光盘,其容量为 650 MB 左右。

计算机上用的 CD-ROM 有一个数据传输速率的指标:倍速。1 倍速的数据传输速率是 150 Kbps;24 倍速的数据传输速率是 150 Kbps×24=3.6 Mbps。CD-ROM 适合于存储容量固定、信息量庞大的内容。

②一次写入型光盘(Write Once Read Memory,简称 WORM)可由用户写入数据,但只能写一次,写入后不能擦除修改。一次写入多次读出的 WORM 适用于用户存储不允许随意更改文档。

③可擦写光盘(Magnetic Optical,简称 MO)是能够重写的光盘,它的操作完全和硬盘相同,故称磁光盘。MO 可反复使用一万次,可保存 50 年以上。MO 磁光盘具有可换性、高容量和随机存取等优点,但速度较慢,一次投资较高。

以上介绍的外存的存储介质,都必须通过机电装置才能进行信息的存取操作,这些机电装置称为驱动器。例如软盘驱动器(软盘片插在驱动器中读/写)、硬盘驱动器、磁带驱动器和光盘驱动器等。

4. 主板

长期以来,人们认为 CPU 是 PC 的大脑,不少用户认为只要 CPU 档次上去了,计算机的性能档次也随之大幅度提升。就好比拥有聪明脑袋的人自然也就聪明。但事实上该想法并不正确。如果说 CPU 是大脑,那么主板可以说是 PC 的心脏。

无论"大脑"怎么聪明,如果"心脏"不符合规格,使"大脑"处于"缺血"状态,那么"大脑"将无法达到最佳工作状态。

主板上主要有如下部件。

(1) CPU 插座

CPU 插座,即引脚接口,一般采用针脚式插座接口。CPU 引脚接口有数百个针脚一一对应插在主板 CPU 插座的针孔上,与其对应的插座称为 Socket。因此 CPU 引脚接口也称为 Socket 封装。CPU 的接口和主板插座必须完全吻合,否则 CPU 无法正常工作。

(2) 内存插槽

内存作为计算机的主件之一,一直是人们关注的焦点。但是在 486、586,甚至是奔腾2/赛扬时代,人们对内存的关注似乎仅仅局限于其容量的大小。

在 486、586 时代,流行的内存是 EDO72 线内存条,单条容量的局限和技术的落后已经使它早早地退出了历史舞台,取而代之的是先进的 SDRAM(同步内存)。SDRAM 经历了 PC66、PC100 甚至是 PC133 的时代,到如今的 PC 时代,内存已经不再是 SDRAM 的天下了,DDR 的出现已经将内存推向了超高速时代。

(3) 主板芯片组

主板芯片组是构成主板电路的核心。在一定意义上讲,它决定了主板的级别和档次,因为主板控制着硬盘、内存和处理器之间的数据传输、外围设备和系统的联系。芯片组限制了处理器的类型、主板速度及内存类型,还与主板是否整合显示芯片、音频处理芯片、USB2.0 相关。

(4) 硬盘插槽

硬盘连接插座 IDE(Integrated Device Electronics)也称为集成电子设备接口,是由40 芯或 80 芯的扁平电缆连接的插座,主要用于硬盘设备连接。随着 IDE 接口硬盘的淘汰,新的主板中只保留了一个 IDE 接口,用于连接 IDE 接口的光驱。

当前的硬盘接口方式已发展到 SATA 标准。这是一种完全不同于 IDE 的新型硬盘接口类型,由采用串行方式传输数据而得名。与 IDE 接口的硬盘相比,其具有数据传输率高、支持热插拔、安装简单等特点。

(5) PCI 插槽

PCI 是一根连接外部、内部设备的 I/O 总线,诞生于 20 世纪 90 年代,PCI 的工作频率有 33 MHz、66 MHz;数据宽度有 32 位、64 位;传输频宽有 133 MB/s、266 MB/s。

现在主板的 PCI 插槽主要用来连接高速外设,如声卡、网卡、内置 MODEM 等外部设备。

(6) PCI Express 插槽

PCI Express(以下简称 PCI-E)是目前普遍采用的显卡接口标准。相对于传统 PCI 总线在单一时间周期内只能实现单向传输,PCI-E 的双单工连接能提供更高的传输速率和质量。PCI-E 的接口根据带宽的不同,分为 PCI-E1.0、PCI-E2.0、PCI-E3.0。

(7) ATX 电源插口

ATX 电源是 ATX 主板的配套电源,为此对它增加了一些新功能:一是增加了在关机状态下能提供一组微电流(5 V/100 MA)供电;二是增加有 3.3 V 低电压输出。

ATX20 是 20 孔的插座,给主板提供电源,它的槽型特殊,以保证插入方向正确。ATX12 V 是提供给 CPU 的附加电源,为保证 CPU 能够在稳定的电压下工作,建议务必连接此电源。

(8) 基本输入/输出系统(BIOS)

为了使微机开机后自动正常地运行操作系统,并且更好地管理底层的基本设备,计算机必须将最基本的系统引导程序和基本输入输出控制程序事先存放在计算机内存中,使计算机加电后立即就能执行,并将系统控制权移交给操作系统。在 PC 微机中,习惯上将担当此任务的只读存储器 ROM 或 Flash 称为 BIOS。

BIOS 的任务主要是实现系统启动、系统的自检诊断、基本外部设备输入输出驱动和系统配置分析等功能。BIOS 显然十分重要,一旦损坏,机器将不能工作。

早期将 BIOS 写在 ROM 或 EPROM 中,20 世纪 90 年代后期的微机大多采用 Flash Memory。有一些病毒(如 CIH 等)专门破坏 BIOS,使计算机无法正常开机工作,甚至瘫痪,造成严重后果。

(9) 后面板 I/O 接口

①并行接口(LTP):这是一个 25 针 D 型接口,也是一个标准的打印接口,可支持增强并行端口(EPP)和扩展功能并行端口(ECP),是用于连接打印机、扫描仪等设备的 8 位并行数据通信接口。

②串行接口(COM):这里指的是标准 RS-232 串行接口,一块主板一般带有两个 COM 串行接口。通常用于连接鼠标、外置 MODEM 等具有 RS-232 接口的设备。

③PS/2 口:指用于连接带有 PS/2 接口的鼠标和键盘的接口。一般说的圆口鼠标就接在 PS/2 口(绿色)上,键盘是小插头的也接在 PS/2 口(紫色)。

④通用串行接口 USB:USB(Universal Serial Bus)是通用串行总线的简称,它是一种新型号的外设接口标准。USB 是以 Intel 公司为主,并由 IBM、DEC、NEC 等著名厂商联合制定的一种新型串行接口,于 1994 年 11 月制定草案,1996 年 2 月公布了 USB1.0 标准,目前已发展到 3.0 标准。自 Windows 98 开始外挂模块形式支持,Windows 2000 内置了 USB 的支持模块以来,USB 设备开始流行。它采用数据流类型和包交换技术进行控制和数据通信。它采用两根数据线,由一根 5 V 电源线和一根地线组成。

(10) 系统控制面板插针(前面板控制和指示接口)

主板提供了两组机箱面板和电源开关、指示灯的连接接口。其主要插针功能如下:HD-LED-P、HD-LED-N 是 IDE 硬盘工作指示;PWR-SW-P、PWR-SW-N 是电源开关插针;RST-SW-P、RST-SW-N 是复位按钮插针;FPPWR/SLP 是电源指示;SPK＋、SPD－是机内扬声器连接插针;PLED、GND 是系统电源。不同主板的插针略有不同,但主要的功能都是相同的。

(11) CMOS 芯片、CMOS 芯片电源

计算机电源关闭后,CMOS 采用电池供电。当开机时,由主板电源供电,从而保证了时钟(指示时间)不间断地运作和 CMOS 的配置信息不丢失。CMOS 内容的修改程序即 BIOS 设置程序存放在 BIOS 芯片中。

5. 基本输入输出设备

（1）键盘

键盘（Key board）是用户与计算机进行交流的主要工具，是计算机最重要的输入设备，也是微型计算机必不可少的外部设备。

①键盘结构

通常键盘由三部分组成：主键盘、小键盘、功能键，参见图 4-2。

主键盘即通常的英文打字机用键（键盘中部）。

小键盘即数字键组（键盘右侧，与计算器类似）。

功能键组在键盘上部，标 F1—F12。

注意：这些键一般都是触发键，应一触即放，不要按下不放。

图 4-2　键盘的结构

②主键盘操作

主键盘：一般与通常的英文打字机键相似。它包括字母键、数字键、符号键和控制键等。

字母键：字母键上印着对应的英文字母，虽然只有一个字母，但亦有上档和下档字符之分。

数字键：数字键的下档为数字，上档字符为符号。

Shift（↑）键：这是一个换档键（上档键），用来选择某键的上档字符。操作方法是先按住本键不放再按具有上下档符号的键，则输入该键的上档字符，否则输入该键的下档字符。

Caps Lock 键：这是大小写字母锁定转换键，若原输入的字母为小写（或大写），按一下此键后，再输入的字母为大写（或小写）。

Enter（↵或 Return）键：这是回车键，按此键表示一命令行结束。每输入完一行程序、数据或一条命令，均需按此键通知计算机。

Backspace（←）键：这是退格键，每按一下此键，光标向左回退一个字符位置并把所经过的字符擦去。

SPACE 键：这是空格键，每按一次产生一个空格。

PrtSc（或 Print Screen）键：这是屏幕复制键，利用此键可以实现将屏幕上的内容在打印机上输出。方法是：把打印机电源打开并与主机相连，再按本键即可。

Ctrl 和 Alt 键：这是两个功能键，它们一般和其他键搭配使用才能起特殊的作用。

Esc 键:这是一个功能键,本键一般用于退出某一环境或废除错误操作。在各个软件应用中,它都有特殊作用。

Pause/Break 键:这是一个暂停键。一般用于暂停某项操作,或中断命令、程序的运行(一般与 Ctrl 键配合使用)。

③小键盘操作

小键盘上的其中 10 个键印有上档符(数码 0、1、2、3、4、6、7、8、9 及小数点)和相应的下档符(Ins、End、↓、PgDn、←、→、Home、↑、PgUp、Del)。下档符用于控制全屏幕编辑时的光标移动;上档符全为数字。

由于小键盘上的这些数码键相对集中,所以用户需要大量输入数字时,锁定数字键更方便。Num Lock 键是数字小键盘锁定转换键。当指示灯亮时,上档字符即数字字符起作用;当指示灯灭时,下档字符起作用。

④功能键介绍

功能键一般设置成常用命令的字符序列,即按某个键就是执行某条命令或完成某个功能。在不同的应用软件中,相同的功能键可以具有不同的功能。例如,BASIC 语言中,F1 代表 LIST 命令;FoxBASE 中,F1 代表寻求命令;WPS 中,F2 代表文件存盘退出命令(^KD)。

(2)鼠标

鼠标(Mouse)又称为鼠标器,也是微机上一种常用的输入设备,是控制显示屏上光标移动位置的一种指点式设备。在软件支持下,通过鼠标器上的按钮,向计算机发出输入命令,或完成某种特殊的操作。

目前常用的鼠标器有机械式和光电式两类。机械式鼠标底部有一个滚动的橡胶球,可在普通桌面上使用,滚动球通过在平面上的滚动把位置的移动变换成计算机可以理解的信号,传给计算机处理后,即可完成光标的同步移动。光电式鼠标有一个光电探测器,要在专门的反光板上移动才能使用。反光板上有精细的网格作为坐标,鼠标的外壳底部装着一个光电检测器,当鼠标滑过时,光电检测根据移动的网格数将位置信号转换成相应的电信号,传给计算机来完成光标的同步移动。

鼠标器可以通过专用的鼠标器插头座与主机相连接,也可以通过计算机中通用的串行接口(RS 232-C 标准接口)与主机相连接。

(3)显示器

显示器(Monitor)是微型计算机不可缺少的输出设备。用户可以通过显示器方便地观察输入和输出的信息。

显示器是用光栅来显示输出内容的,光栅的像素应越小越好,光栅的密度越高,即单位面积的像素越多,分辨率越高,显示的字符或图形也就越清晰细腻。像素色度的浓淡变化称为灰度。

显示器按输出色彩可分为单色显示器和彩色显示器两大类;按其显示器件可分为阴极射线管(CRT)显示器和液晶(LCD)显示器;按其显示器屏幕的对角线尺寸可分为 14 英寸、15 英寸、17 英寸和 21 英寸等几种。目前微型机上使用彩色 CRT 显示器,便携机上使用 LCD 显示器。分辨率、彩色数目及屏幕尺寸是显示器的主要指标。显示器必须配置正确的适配器(显示卡),才能构成完整的显示系统。常见的显示卡类型有以下 3 种。

①VGA(Video Graphics Array):视频图形阵列显示卡,显示图形分辨率为 640×480,文本方式下分辨率为 720×400,可支持 16 色。

②SVGA(Super VGA):超级 VGA 卡,分辨率提高到 800×600、1 024×768,而且支持 1 670 万种颜色,称为"真彩色"。

③AGP(Accelerate Graphics Porter)显示卡,在保持了 SVGA 的显示特性的基础上,采用了全新设计的速度更快的 AGP 显示接口,显示性能更加优良,是目前最常用的显示卡。

(4) 打印机

打印机(Printer)是计算机产生硬拷贝输出的一种设备,提供给用户保存计算机处理的结果。

打印机的种类很多,按工作原理可粗分为击打式打印机和非击打式打印机。目前微机系统中常用的针式打印机(又称点阵打印机)属于击打式打印机;喷墨打印机和激光打印机属于非击打式打印机。

①针式打印机

针式打印机打印的字符和图形是以点阵的形式构成的。它的打印头由若干根打印针和驱动电磁铁组成。打印时使相应的针头接触色带击打纸面来完成打印。目前使用较多的是 24 针打印机。针式打印机的主要特点是价格便宜,使用方便,但打印速度较慢,噪音大。

②喷墨打印机

喷墨打印机是直接将墨水喷到纸上来实现打印。喷墨打印机价格低廉、打印效果较好,较受用户欢迎,但喷墨打印机使用的纸张要求较高,墨盒消耗较快。

③激光打印机

激光打印机是激光技术和电子照相技术的复合产物。激光打印机的技术来源于复印机,但复印机的光源是灯光,而激光打印机用的是激光。由于激光光束能聚焦成很细的光点,因此,激光打印机能输出分辨率很高且色彩很好的图形。激光打印机正因速度快、分辨率高、无噪音等优势逐步进入微机外设市场,但其价格稍高。

三、计算机的软件系统

软件是指程序、程序运行所需要的数据以及开发、使用和维护这些程序所需要的文档的集合。计算机软件极为丰富,要对软件进行恰当的分类是相当困难的。一种通常的分类方法是将软件分为系统软件和应用软件两大类。实际上,系统软件和应用软件的界限并不十分明显,有些软件既可以认为是系统软件,也可以认为是应用软件,如数据库管理系统。下面简单介绍微机软件的基本配置。

1. 操作系统(Operating System,简称 OS)

操作系统是最基本、最重要的系统软件。它负责管理计算机系统的全部软件资源和硬件资源,合理地组织计算机各部分协调工作,为用户提供操作和编程界面。

随着计算机技术的迅速发展和计算机的广泛应用,用户对操作系统的功能、应用环境、使用方式不断提出了新的要求,因而逐步形成了不同类型的操作系统。操作系统根据的功能和使用环境,大致可分为以下几类。

（1）单用户操作系统

计算机系统在单用户单任务操作系统的控制下,只能串行地执行用户程序,个人独占计算机的全部资源,CPU 运行效率低。DOS 操作系统属于单用户单任务操作系统。

现在大多数的个人计算机操作系统是单用户多任务操作系统,允许多个程序或多个作业同时存在和运行。

（2）批处理操作系统

批处理操作系统是以作业为处理对象,连续处理在计算机系统运行的作业流。这类操作系统的特点是:作业的运行完全由系统自动控制,系统的吞吐量大,资源的利用率高。

（3）分时操作系统

分时操作系统使多个用户同时在各自的终端上联机使用同一台计算机,CPU 按优先级分配各个终端的时间片,轮流为各个终端服务,对用户而言,有"独占"这一台计算机的感觉。分时操作系统侧重于及时性和交互性,使用户的请求尽量能在较短的时间内得到响应。常用的分时操作系统有 UNIX、VMS 等。

（4）实时操作系统

实时操作系统是对随机发生的外部事件在限定时间范围内作出响应并对其进行处理的系统。外部事件一般来自与计算机系统相联系的设备的服务要求和数据采集。实时操作系统广泛用于工业生产过程的控制和事务数据处理中,常用的系统有 RDOS 等。

（5）网络操作系统

为计算机网络配置的操作系统称为网络操作系统。它负责网络管理、网络通信、资源共享和系统安全等工作。常用的网络操作系统有 NetWare 和 Windows NT。NetWare 是 Novell 公司的产品,Windows NT 是 Microsoft 公司的产品。

（6）分布式操作系统

分布式操作系统是用于分布式计算机系统的操作系统。分布式计算机系统是由多个并行工作的处理机组成的系统,提供高度的并行性和有效的同步算法和通信机制,自动实行全系统范围的任务分配并自动调节各处理机的工作负载,如 MDS、CDCS 等。

2. 语言编译程序

人和计算机交流信息使用的语言称为计算机语言或称程序设计语言。计算机语言通常分为机器语言、汇编语言和高级语言三类。

（1）机器语言（Machine Language）

机器语言是一种用二进制代码"0"和"1"形式表示的,能被计算机直接识别和执行的语言。用机器语言编写的程序,称为计算机机器语言程序。它是一种低级语言,用机器语言编写的程序不便于记忆、阅读和书写。通常不用机器语言直接编写程序。

（2）汇编语言（Assemble Language）

汇编语言是一种用助记符表示的面向机器的程序设计语言。汇编语言的每条指令对应一条机器语言代码,不同类型的计算机系统一般有不同的汇编语言。用汇编语言编制的程序称为汇编语言程序,机器不能直接识别和执行,必须由"汇编程序"（或汇编系统）翻译成机器语言程序才能运行。这种"汇编程序"就是汇编语言的翻译程序。汇编语言适用于编写直接控制机器操作的低层程序,它与机器密切相关,不容易使用。

(3) 高级语言(High Level Language)

高级语言是一种比较接近自然语言和数学表达式的一种计算机程序设计语言。一般用高级语言编写的程序称为"源程序",计算机不能识别和执行,要把用高级语言编写的源程序翻译成机器指令,通常有编译和解释两种方式。

编译方式是将源程序整个编译成目标程序,然后通过链接程序将目标程序链接成可执行程序。解释方式是将源程序逐句翻译,翻译一句执行一句,边翻译边执行,不产生目标程序,由计算机自动完成执行解释程序,如 BASIC 语言和 Perl 语言。

常用的高级语言程序如下。

①BASIC 语言是一种简单易学的计算机高级语言。尤其是 Visual Basic 语言,具有很强的可视化设计功能,给用户在 Windows 环境下开发软件带来了方便,是重要的多媒体编程工具语言。

②FORTRAN 是一种适合科学和工程设计计算的语言,它具有大量的工程设计计算程序库。

③PASCAL 语言是结构化程序设计语言,适用于教学、科学计算、数据处理和系统软件的开发。

④C 语言是一种具有很高灵活性的高级语言,适用于系统软件、数值计算、数据处理等,应用非常广泛。

⑤JAVA 语言是近几年发展起来的一种新型的高级语言,它简单、安全、可移植性强。JAVA 适用于网络环境的编程,多用于交互式多媒体应用。

3. 数据库管理系统

数据库管理系统(Database Management System,简称 DBMS)的作用是管理数据库。数据库管理系统是有效地进行数据存储、共享和处理的工具。目前,微机系统常用的单机数据库管理系统有:DBASE、FoxBase、Visual FoxPro 等,适合于网络环境的大型数据库管理系统 Sybase、Oracle、DB2、SQL Server 等。当今数据库管理系统主要用于档案管理、财务管理、图书资料管理、仓库管理、人事管理等。

4. 联网及通信软件

网络上的信息和资料管理比单机上要复杂得多。因此,出现了许多专门用于联网和网络管理的系统软件。例如局域网操作系统 Novell NetWare、Microsoft WindowsNT;通信软件 Internet 浏览器,包括 Netscape 公司的 Navigator、Microsoft 公司的 IE 等。

5. 应用软件

(1) 文字处理软件

文字处理软件主要用于用户对输入计算机的文字进行编辑,并能将输入的文字以多种字形、字体及格式打印出来。目前常用的文字处理软件有 Microsoft Word、WPS 等。

(2) 表格处理软件

表格处理软件是根据用户的要求处理各式各样的表格并将其存盘打印出来。目前常用的表格处理软件有 Microsoft Excel 等。

（3）实时控制软件

用于生产过程自动控制的计算机一般都是实时控制的。它对计算机的速度要求不高但可靠性要求很高。用于控制的计算机,其输入信息往往是电压、温度、压力、流量等模拟量,将模拟量转换成数字量后计算机才能进行处理或计算。这类软件一般统称为 SCA-DA(Supervisory Control and Data Acquisition,监察控制和数据采集)软件。目前 PC 机上流行的 SCADA 软件有 FIX、INTOUCH、LOOKOUT 等。

四、计算机系统的总线技术

系统总线技术(System Bus)是指用一个单独的计算机总线来连接计算机系统的主要组件的技术。这个技术的开发是用来降低成本和促进模块化的。系统总线结合数据总线的功能来搭载信息,地址总线来决定将信息送往何处,控制总线来决定如何动作。虽然系统总线于 20 世纪 70 至 80 年代广受欢迎,但是现代的计算机却使用不同的分离总线来实现更多特定需求用途。

数字计算机是由若干系统部件构成的,这些系统部件在一起工作才能形成一个完整的计算机系统。把同一台计算机系统的各部件,如 CPU、内存、通道和各类 I/O 接口间互相连接的总线,称为系统总线。常见的系统总线有:PC 总线、AT 总线(ISA 总线)、PCI 总线。

按照数据传输方式,总线可分为串行总线和并行总线。在串行总线中,二进制数据逐位通过一根数据线发送到目的部件(或设备)。常见的串行总线有 RS-232、PS/2、USB 等。在并行总线中,数据线有许多根,故一次能发送多个二进制数据位,从表面上看,并行总线似乎比串行总线快,其实在高频率的条件下串行总线比并行总线更好,因此将来串行总线肯定会逐渐取代并行总线。在高频率的条件下,并行总线中传输数据的各个位必须处于一个时钟周期内的相同位置,对器件的传输性能和电路结构要求严格,系统设计难度大,致使系统成本高,可靠性低。相比之下,串行总线中传输数据的各个位是串行传输的,比较容易处理,从而降低了设计难度和系统成本。一般来说,并行总线适用于短距离、低总线频率的数据传输,而串行总线在低速数据传输和高速数据传输方面都有应用。

1. 总线的主要技术指标

主要技术指标有 3 个:总线带宽、总线位宽和总线工作频率。

（1）总线带宽

总线带宽是指单位时间内总线上传送的数据量,反映了总线数据传输速率。总线带宽与位宽和工作频率之间的关系是:

总线带宽＝总线工作频率×总线位宽×传输次数/8

其中,传输次数是指每个时钟周期内的数据传输次数,一般为 1。

（2）总线位宽

总线位宽是指总线能够同时传送的二进制数据的位数,例如,32 位总线、64 位总线等。总线位宽越宽,总线带宽越宽。

（3）总线工作频率

总线的工作频率以 MHz 为单位,工作频率越高,总线工作速度越快,总线带宽越宽。

例如,常见的 PCI 总线的工作频率为 33 MHz,总线位宽为 32 位,一个时钟周期内数据传输 1 次,则该 PCI 总线带宽＝33 MHz×32 位×1 次/8＝132 MB/s。

2. 系统总线

系统总线是微机系统中最重要的总线,人们平常所说的微机总线就是指系统总线。系统总线用于 CPU 与接口卡的连接。为使各种接口卡能够在各种系统中实现"即插即用",系统总线的设计要求与具体的 CPU 型号无关,而是有统一的标准,以便按照这种标准设计各类适配卡。常见的系统总线有 ISA 总线、PCI 总线、AGP 总线等。

(1) ISA 和 LPC

ISA(Industry Standard Architecture,工业标准体系结构)是一种并行总线,主要用于早期的微型计算机中,目前已被 LPC(Low Pin Count)总线所代替。LPC 是基于 Intel 标准的 33 MHz 4 位并行总线协议,用于主板南桥芯片与 BIOS 的通信。

(2) PCI

PCI(Peripheral Component Interconnect,外设组件互连)标准是 Intel 公司 1991 年推出的局部总线标准。PCI 总线是一种 32 位并行总线(可扩展为 64 位),总线频率为 33 MHz 或 66 MHz,最大传输速率可达 532 MB/s。PCI 总线的最大优点是结构简单、成本低、设计容易。但是 PCI 总线的缺点也比较明显,就是总线带宽有限,多个设备同时共享带宽。

(3) PCI-E

PCI-E(PCI Express,PCI 扩展)标准是近年来出现的一种新型总线标准。PCI-E 总线是串行总线,将全面取代现行的 PCI 和 AGP 总线,最终实现总线标准的统一。

与 PCI 或 AGP 相比,PCI-E 提供了南桥与设备之间的点对点连接,因此它的带宽不是多个设备共享的,而是独享的,所以数据传输速率高。

PCI-E 采用多通道传输机制,多个通道相互独立,共同组成一条总线。根据通道数的不同,PCI-E 可分为 PCI-E×1、×2、×4、×8、×12、×16,甚至×32 等。通道数的多少与 PCI-E 插槽有关,但是 PCI-E 向下兼容,即 PCI-E×4 的卡可以插在 PCI-E×8 以上的插槽中。

PCI-E 中每个通道的单向传输带宽可达 250 MB/s,双向为 500 MB/s。目前,规格最高的显卡 PCI-E×16 的传输速度双向模式下为 8 GB/s,相当于普通 PCI 速度的 60 倍。

(4) AGP 总线

AGP(Accelerated Graphics Port,图形加速端口)总线是一种专为图形加速显示卡设计的总线。从本质上来说,AGP 不能称为总线,因为它只提供了北桥和图形加速显示卡之间的专用通道,不能连接其他设备。

AGP 总线提供的带宽比 PCI 总线高得多,可以达到 266 MB/s,532 MB/s,1 064 MB/s 或 13 GB/s。

3. 接口

各种外部设备通过接口与计算机主机相连。通过接口,可以把打印机、外置 Modem、扫描仪、U 盘、MP3 播放机、数码相机(DC)、数码摄像机(DV)、移动硬盘、手机、写字板等外部设备连接到计算机上。

主板上常见的接口有 PS/2 接口、串行接口、并行接口、USB 接口、IEEE1394 接口、音频接口和显示接口等。

(1) USB 接口

USB 接口是 1994 年由 Intel、Compaq、IBM、Microsoft 等多家公司联合提出的计算机新型接口技术,由于其具有支持热插拔、传输速率较高等优点,目前已成为外部设备的主流接口方式。

USB 接口目前有以下两个规范。

①USB1.1 最高传输速率可达 12 Mb/s,已经很少使用。

②USB2.0 由 USB1.1 规范演变而来,传输速率可达 480 Mb/s,足以满足大多数外设的要求。USB2.0 向下与 USB1.1 兼容。也就是说,所有 USB1.1 的设备都可以直接在 USB2.0 的接口上使用而不必担心兼容性问题。

(2) IEEE1394 接口

IEEE1394 接口是为了连接多媒体设备而设计的一种高速串行接口。Apple 称之为 FireWire(火线),SONY 则称之为 i. Link,TexasInstruments 称之为 Lynx。尽管各家公司对它的称呼不同,但实质都是一项技术,那就是 IEEE1394。

IEEE1394 目前传输速率可以达到 400 Mb/s,将来会提升到 800 Mb/s、1 Gb/s、1.6 Gb/s。同 USB 一样,IEEE1394 接口也支持热插拔,可为外部设备提供电源,能连接多个不同设备。

IEEE1394 目前有两种类型:6 针的大口和 4 针的小口,区别是 6 针的接口中有 2 针用于提供电源,而 4 针的不提供。

现在支持 IEEE1394 的设备不多,主要是数码摄像机、移动硬盘、音响设备等。

目前,绝大多数计算机(特别是台式机)并没有配置 IEEE1394 接口,若要使用必须配置相应的 IEEE1394 卡。

(3) PS/2 接口

PS/2 接口是用于连接鼠标和键盘的专用接口。一般情况下,绿色的连接鼠标,紫色的连接键盘。PS/2 接口设备不支持热插拔,强行带电插拔有可能烧毁主板。PS/2 接口可以与 USB 接口互转,即 PS/2 接口的鼠标和键盘可以转成 USB 接口,USB 接口的鼠标和键盘也可以转成 PS/2 接口。

计算机上的串行接口插座分为 9 针和 25 针两种,过去常用来连接鼠标、Modem 等设备。串行接口被赋予专门的设备名 COMl、COM2……串行接口在一个方向一次只能传输一位数据,因此一个字节的数据需要传送 8 次。

(4) 并行接口

计算机的并行接口插座上有 25 个小孔,过去常用于连接打印机,所以也被称为打印口。并行接口同样被赋予专门的设备名 LPT1、LPT2……并行接口可以同时传输 8 位数据,因此一次可以并行传送一个字节的数据。

第五节　计算机系统在泵站的应用

泵站在水利建设中起到十分关键的作用,泵站的运行管理和当地抗旱排涝等任务具有十分紧密的关系。此外,泵站的正常合理运行对当地人民的生活与周围的环境具有直接的影响。为了确保泵站高效运行,一些水利部门通过计算机自动化控制系统来管理泵站的运作。泵站建立独立的计算机自动控制系统后,可以满足"少人值守、无人值班"的要求。

一、泵站设备的控制类型

一般情况下,泵站设备控制分为基本控制、中央控制和就地控制。

1. 就地控制及特点

就地控制通过可编程控制器(PLC)自身的逻辑控制功能,服务于设备的自动、远动控制和关联设备的联动、连续控制。就地控制系统配置了操作界面 MD,利用操作界面能控制或者调整设备。相比中央控制,就地控制比较理想,包括就地自动和就地手动。处在就地手动模式下,在操作界面上,通过手动操作管理设备的运行;处于就地自动模式下,泵站控制系统依据泵站运行参数、设备的状态等,自动操作泵站设备,无须人工操作。就地控制就是在现场实现控制。它通常利用界面就可以有针对性地修改设备的控制和部分有效数据,或者对其稍加调整,最终实现控制的有效性。就地控制即具体控制泵站具体设备,因此,它的优先级别比中央控制高,这一点理解起来也比较容易,面对现场客观事实当然要比理论控制重要。

2. 基本控制及特点

基本控制在设备控制箱中融入了最高有限级别。当设备控制箱面板上的控制方式是手动操作时,便屏蔽了泵站控制系统中的控制。能通过设备控制箱的面板对现场设备进行手动操作和检查。此种设备控制箱兼具基础性的控制连动或控制连锁功能,在设备控制箱内,基本控制内容便可实现。基本控制通过控制箱来具体实现,因为设备控制箱与全部设备的最高级别控制存在关系。主控制箱的界面显示"手动控制"后,表明泵站的整个控制系统处在待机状态,屏蔽了整个自动控制系统。

3. 中央控制及特点

中央控制室包含主机、硬盘与录像机,利用网络交换机,通过 100 M 的以太网控制 $1^{\#}$PLC,$3^{\#}$PLC,$4^{\#}$PLC。中央控制对系统的宏观调度负责,协助所属泵站运转,应对局部出现的停机或者是突发事故,确保系统的协调。中央控制室主要包括两部分:主机室与具有记忆功能的硬盘录像监控室,两者运行的工作原理为通过网络交换机将机组与泵站有效结合在一起,并将其过程依靠硬盘的记录功能记录下来,最终实现实时监控。中央控制结合了现代信息技术,进行实时监控,对出现的突发状况,可有效应对,减少了人力的配置,是一种优化的管理方式。

二、计算机自动控制系统的性能

1. 进入优先级别

泵站的控制和一个地区的水资源有密切的关系,不能随意被人为控制。因此,每次进入自动控制系统前,首先,务必要输入有关密码;这个密码被密码管理系统自动分为不同种类的级别,也即是说不同级别的操作人员一定要具有和自己相配的密码,否则便进不去所属的操作区间,便不能操作与管理泵站的运行。这便是计算机系统自动识别的过程,最终,实现泵站运行管理优先级别控制。

2. 基础数据的处理

首先,处理开关信号。开关的使用与实际管理泵站的运行情况有必然的关系。当按下开关时,整个所属的机组是否接通开关来运行,这需要一个自动识别的过程。如因为自身或者外界的原因,不小心触动了开关按钮,且操作人员及时发现了这个问题,就需要及时做出纠正处理。然而,若机组还是依照最开始的操作来实现机组运行,就会带来重大的操作失误,严重影响各个泵站运行,这种损失是难以想象的。因此,当触动开关按钮时,计算机会通过分析按钮按下的时间力度,确定是否打开开关,其间会有个延迟的过程,为开关是否接通,加了双保险。这也即是计算机自动识别与管理的过程。处理模拟数据量就如同处理开关的信号,模拟信号也要经过有效的处理,通常的处理是将模拟数据放置到设定好的信号缓冲地带,如分析限定水位的液位数据。水位感应器通过模拟信号把水位的数值逐渐传送到泵站水位控制系统,利用数据分析,确定是否开启水位预警报警装置。

三、计算机自动控制系统过程显示和操作的应用

1. 系统操作的应用

最原始的泵站管理工作要靠大量的人力来完成,是一种对人力的浪费,如当一个泵站机组出现了问题,要进行解决,主控制系统操作人员将对有关站点的人员发出指令,并要求他们负责维修。现在使用了计算机自动控制系统,变得十分简单。主控制室的人员只需通过计算机自动控制系统的页面显示就可以将工作完成,提升了效率,在一定程度上节约人力。另外,当运行过程中如果出现故障,各区域对应的报警灯就会发出指示。操作员也可以通过故障解除指南逐渐解除故障。整个故障解除过程迅速而准确,省时间,简化了操作步骤,降低了人员出现错误的概率。

2. 过程显示的应用

过程显示,本质上应在计算机的控制下完成。如显示每一泵站运行状况时,要处理画面,显现画面出现的情况及发生的问题。因为一个观察室有可能产生多个实时画面,要想全部兼顾到这些画面,不漏掉一个问题点,这就要求计算机在显示信息时,要处理信息。最基本的是显示过去出现的报警信息,把现在出现的报警信息存放到数据缓冲区,当解除前面的重要警报后,才能显示较为重要的信息。每一个处理过程将二次呈现或者缓存在控制系统中,最终显示整个过程。这些都需要通过计算机来完成,并且计算机自动完成该过程不受人为的干预。原来这个过程十分复杂、烦琐,现在有了计算机自动控制系统,这个过程变得十分简单。

第六节　PLC 的基础知识

PLC 是在继电器控制和计算机控制的基础上开发的,并逐渐发展成为以微处理器为核心,把自动控制技术、计算机技术和通信技术融为一体的新型工业自动控制装置。和普通计算机一样,可编程控制器由硬件及软件构成。可编程控制器工作时采用应用软件的逐行扫描执行方式,这和普通计算机等待命令工作方式有所不同。从时序上来说,可编程控制器指令的串行工作方式和继电-接触器逻辑判断的并行工作方式也是不同的。

从本节开始将介绍网络与通信的基础知识及可编程控制器的发展过程,并将其与其他各类控制系统比较,概述了可编程控制器的特点及应用领域,并对可编程控制器的发展趋势进行了展望。针对可编程控制器的构成、工作原理等较抽象的理论知识,在运用实例的基础上应用图解方法进行了详细说明。可编程控制器在近 40 年来得到了迅猛的发展,至今已经成为工业自动化领域中最重要、应用最多的控制装置,居工业生产自动化三大支柱(可编程控制器、机器人、计算机辅助设计与制造)的首位。

一、网络与通信的基础知识

随着工业自动化水平的提高和生产规模的日益扩大,简单的 PLC 单机控制已无法满足大型工业现场环境的需要,用多台 PLC 结合上位计算机组成复杂的工业控制网络成为当代工业现场 PLC 控制系统的发展趋势。这里将讲述网络与通信的基础知识,工业局域网的结构特点,以 OMRON 的 PLC 为例讲述 PLC 网络的组成和当今 PLC 主流网络系统的相关知识,最后以具体工业实例展现 PLC 网络强大的工控能力。

如前已述,PLC 是面向工业环境的计算机,其基本通信联网原理与普通计算机相同:它也为数字设备,能识别 0 或 1 代码。如何将代表一定信息的 0、1 代码有效地由一台 PLC 传送给上位计算机或另一台 PLC,以实现多机的数据交换与信息共享,是 PLC 联网与通信的任务。

(一) 数据通信的基本方式

1. 并行通信与串行通信方式

数据通信主要采用并行通信和串行通信两种方式。

并行通信时数据的各个位同时传送,可以以字或字节为单位并行传送。并行通信速度快,但占用口线多,数据有几位就要求有几根传输线,故不宜进行远距离通信。计算机或 PLC 各种内部总线就是以并行方式传送数据的。另外,在主板上,各种模块之间也以并行方式通过地址总线进行通信。

串行通信时数据是一位一位顺序传送的,它的传输速度虽然较并行低,但只用一根或几根通信线,传送的距离长,适用于 PLC 与上位机、PLC 之间、PLC 与远程 I/O 单元间的长距离信息传输。在 PLC 网络中传送数据绝大多数采用串行方式。

2. 串行通信双方信息交互方式

串行通信双方信息交互主要有以下三种方式。

单工通信:单工通信只需要一个信道,只有一个方向的通信而没有反向的交互。像计算机与打印机、键盘之间的数据传输就属单工通信。

半双工通信:通信双方都可以发送(接收)信息,但不能同时双向发送。这种方式线路简单,只有两条通信线,又因为它控制简单、可靠,通信成本低,从而得到广泛应用。

全双工通信:通信双方可以同时发送和接收信息。全双工通信的效率高,但控制相对复杂一些,系统造价也高。它需要两个信道,分别接收及发送信息。通信线至少有三条(其中一条为信号地址线)或四条(无信号地址线)。

PLC通信多采用后两种方式。

(二)数据通信的主要技术指标

(1)通信波特率

指单位时间内传送的信息量。信息量的单位可以是 bite(位),也可以是 byte(字节),时间单位可以是秒、分甚至小时等。

(2)误码率

指码元在传输过程中传错的比率,即 $P_c = N_c/N$,N 为传输的码元(一位二进制符号)数,N_c 为错误码元数。计算机网络通信中,一般要求 P_c 为 10^{-9} 至 10^{-5},甚至更小。

(三)差错控制

为了能在传输过程中尽量降低误码率,要对传输的数据信号进行编码、错误测量和错误纠正,即所说的差错控制。

1. 编码分为检错码和纠错码

纠错码编码效率不高,因而通信中多用检错码。常见的检错码有以下两种。

(1)奇偶校验码

奇偶校验码分奇校验和偶校验,一个字符一般有8位,低7位为信息位,高1位为奇偶校验位。以奇校验为例,它传输的信息含1的个数应为奇数。当整个编码中1的个数为奇数,则最高位为0,若1的个数为偶数,则最高位为1。检测时只需判断1的个数是否为奇数即可。这种编码只需一位校验码,编码效率高。它的局限性为若传输错误个数为偶数时会出现漏检。

(2)循环冗余码(Cyclic Redundancy Code,简称 CRC)

CRC 又称多项式码。对于任意一个二进制码,都可与一个二进制多项式对应。如 1001011 对应 $g(x) = x^6 + x^3 + x^2 + 1$。通常,在信息位为 n 的二进制序列后,增加监督位,组成长度为 k 的循环码。于是,循环码应为 $g(x)$ 的倍式。传输时,发送循环码,接收端用 $g(x)$ 去除,余式为零则正确。

2. 常见的差错控制

(1)自动请求重传(Automatic Repeat reQuest,简称 ARQ)

ARQ 使用检错码,并使用双向通道。在发送信息时附加一段冗余码,接收端对信息检测,若判断有传输差错,则将此信息反馈传输端,传输端重新发送该信息。若返回无错误信息,则发送端继续发送下条信息。

(2) 前向纠错(Forward Error Correction,简称 FEC)

FEC 使用纠错码,不要求重发,实时性好。但要求接收端有复杂的译码器以对发送来的附带冗余码的信息进行解码。

(3) 混合纠错(Hybrid Error Correction,简称 HEC)

HEC 是 FEC 和 ARQ 相结合的差错控制方式。发送端发送的码不仅能检测出错误,而且还有一定的纠错能力。接收端收到后,首先检测错误情况,如果错误在码的纠错能力以内,则自动进行纠错;如果错误很多,超过了码的纠错能力,但能检测出来,则接收端通过反馈信道要求发送端重新发送有错的信息。其中 FEC 用来纠正最常出现的差错,减少重传次数,以增加系统通过率。而对不大经常出现的差错则由 ARQ 请求重传,以增加系统可靠性。故其性能优于单独的 FEC 和 ARQ 方式,但设备要复杂些。

(四) RS-232C、RS-422/RS-485 串行通信接口

1. RS-232C 串行通信接口

RS-232C 是 1969 年由美国电子工业协会 EIA 公布的串行通信接口。RS 是英文"推荐标准"一词的缩写,232 是标识号,C 表示修改的次数,最近一次修改。它规定了数字终端设备(DTE)和数字电路终端设备(DCE)之间的信息交换的方式和功能。PLC 与上位机之间通信就是通过 RS-232C 实现的。

收、发端的数据信号是相对于信号地的,如从 DTE 设备发出的数据在使用 DB 连接器时是 3 脚相对 7 脚(信号地)的电平。典型的 RS-232 信号在正负电平之间摆动,当无数据传输时,线上为 TTL,在发送数据时,发送端驱动器输出正电平在 +5~+15 V 之间,负电平在 -5~-15 V 之间。从开始传送数据到结束,线上电平从 TTL 电平到 RS-232 电平再返回 TTL 电平。接收器典型的工作电平在 +3~+12 V 与 -3~-12 V 范围内。

每个 RS-232C 接口有两个物理链接器(插头)。DTE 端(插针的一面)为公,接它的为母;DCE 端(针孔的一面)为母,接它的为公。实际使用时,计算机的串口都是公插头,而 PLC 端为母插头,与它们相连的插头正好相反。

连接器规定为 25 芯,但实际使用 9 芯连接器就够了,所以近年来多用 9 芯的连接器。

表 4-1 为 IBM PC 机和 OMRON PLC 机的 9 芯 RS-232C 口引脚分配表,表 4-2 为引脚功能表。

表 4-1 RS-232C 口引脚分配表

引脚号	PLC 机 9 芯引脚分配	PC 机 9 芯引脚分配
1	FG	DCD
2	SD	RXD
3	RD	TXD

续表

引脚号	PLC 机 9 芯引脚分配	PC 机 9 芯引脚分配
4	RS	DTR
5	CS	GND
6	5 V	DSR
7	DR	RTS
8	ER	CTS
9	SG	CI

表 4-2　RS-232C 引脚功能说明

引脚名称	功能说明
DCD(CD)	载波检测
RXD(RD)	数据接收
TXD(SD)	发送数据
DTR(ER)	数据终端就绪
GND(SG)	信号地
DSR(DR)	数据设备就绪
RTS(RS)	请求发送
CTS(CS)	清除发送
FG	保护接地
CI(RI)	振铃指示

一般微机多配有两个 25 芯或 9 芯的 RS-232C 串口。

PLC 上的 RS-232C 口有以下三种形式。

(1) PLC 的 CPU 单元内置 RS-232C 口,通信由 CPU 管理。

(2) PLC 的 CPU 外设口经通信适配器转换而形成 RS-232C 口。

(3) PLC 的通信板或通信单元设置 RS-232C 口,如 OMRON 的 HOST Link 单元中就有 RS-232C 口。

有了 RS-232C 口,PLC 与计算机、PLC 与 PLC 之间就可以实现通信及联网。图 4-3 (a)为 IBM PC 与 PLC RS-232C 口的一种常用的连接方法,图 4-3(b)为 PLC 与 PLC RS-232C 口的一种常用的连接方法。

RS-232C 的电气接口采取不平衡传输方式,即所谓单端通信,双极性电源供电电路。

RS-232C 口有许多不足之处,主要有以下几点。

(1) 传输速率低,最高为 20 kbps。

(2) 传输距离短,最远为 15 m。

(3) 两个传输方向共用一根信号地线,接口使用不平衡收/发器,可能在各种信号成分间产生干扰。

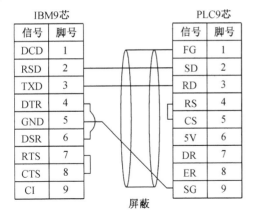
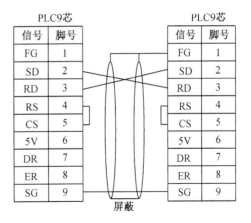

（a）IBM PC 与 PLC RS-232C 口的连接   （b）PLC 与 PLC RS-232C 口的连接

图 4-3　RS-232C 口的连接方法

2. RS-422/RS-485 串行通信接口

针对 RS-232C 的不足，EIA 推出 RS-449 标准，对上述问题加以改进。目前工业环境中广泛应用的 RS-422/RS-485 就是在此标准下派生的。

RS-422/RS-485 电气接口电路采用的是平衡驱动差分接收电路，其收、发不共地，可以大大减少共地所带来的共模干扰。RS-422 和 RS-485 的区别是前者为全双工型，后者为半双工型，且增加了多点、双向通信能力，即允许多个发送器连接到同一条总线上，同时增加了发送器的驱动能力和冲突保护特性，扩展了总线共模范围。图 4-4 为各种接口的原理图。

由图 4-4(a)可知，由于 RS-232C 采用单端驱动非差分接收电路，在收、发两端必须有公共地线，这样当地线上有干扰信号时，会将其当作有用信号接收进来，因此，不适于在长距离、强干扰的条件下使用。而 RS-422/RS-485 则采用图 4-4(c)所示的接收电路，这种

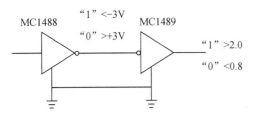

（a）单端驱动非差分接收电路   （b）单端驱动差分接收电路

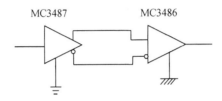

（c）平衡驱动差分接收电路

图 4-4　串行通信的三种电气接口电路

电路其驱动电路相当于两个单端驱动器,当输入同一信号时其输出是反相的,故如果有共模信号干扰时,接收器只接收差分输入电压,从而大大提高抗共模干扰能力,所以可进行长距离传输。

3. RS-232C、RS-422、RS-485 的比较

表 4-3 为 RS-232C、RS-422、RS-485 性能参数对照表。

表 4-3　RS-232C、RS-422、RS-485 性能参数对照表

项目	RS-232C	RS-422	RS-485
接口电路	单端	差动	差动
传输距离(m)	15	1 200	1 200
最高传输速率(Mbit/s)	0.02	10	10
接收器输入阻抗(kΩ)	3～7	≥4	>12
驱动器输出阻抗(Ω)	300	100	54
输入电压范围(V)	−25～+25	−7～+7	−7～+12
输入电压阈值(V)	+33	±0.2	±0.2

普通微机一般不配备 RS-422、RS-485 口,但在工业控制微机上多有配置。普通微机欲配备上述两个端口,可通过插入通信板来扩展。在实际使用中,有时为了把距离较远的两个或多个带 RS-232C 接口的计算机连接起来进行通信和组成分散系统,通常用 RS-232C/RS-422 转换器将 RS-232C 转换成 RS-422 再进行连接,如图 4-5 所示。

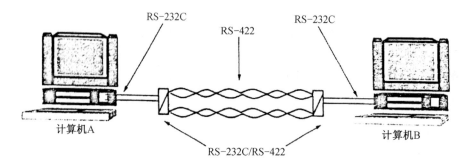

图 4-5　RS-232C/RS-422 转换传输示意图

利用 RS-422 口通信需要 4 根线,因为它是全双工的。RS-485 口为 RS-422 口的简化,只要两根通信线,采用半双工方式。一般情况下现场收发没有必要同时进行。

用 RS-485 两点传输时,在某一时刻只有一个站点可以发送数据,而另一站点只能接收,发送则由使能端控制。RS-485 用于多站互联时非常方便,可以省去很多信号线。

PLC 的不少通信单元带有 RS-422 口或 RS-485 口,如 HOST Link 单元的 LK202 带 RS-422 口,PC Link 单元的 LK401 带 RS-485 口。

（五）工业局域网概述

所谓计算机网络就是使用通信设备和通信线路,将多个地理位置相同或不同、具有相对独立功能的计算机连接在一起,在网络操作系统控制下,按约定的通信协议进行信息交换和资源共享。

将网络中的计算机或信息交换设备称为站或节点。按站间距离长短将网络分成三类:全域网(跨国跨洲联网,通过卫星通信)、广域网(几千米到几千千米,常通过公共电报或电话线实现)和局域网(几十米到几千米,通过电缆或光缆等传输信息)。工业局域网作为局域网的一个特例,除了具有局域网传输率高、误码率低、网络拓扑结构规则等优点外,更侧重有较强的抗干扰能力。

构成工业局域网的三大要素为:网络拓扑、介质访问控制方式、传输介质。

1. 网络拓扑

网络拓扑是指网络中节点间的几何布置。网络拓扑直接关系到整个网络的功能、性能和建设投资。常见的网络拓扑有以下三种。

（1）星型拓扑

如图 4-6(a)所示,每个节点都与中央节点相连,通过中央节点进行信息交换。显然这种拓扑结构简单,建网容易,但对中央节点的依赖过强,适用于低速传输。

（2）环型拓扑

如图 4-6(b)所示,各节点通过中继器连成一个闭合的环网,环网上任何节点均可发送信息。信息单向经过环网上的所有节点,并被与目的地址符合的节点接收,最后回到发送节点处。这种拓扑形式结构简单,任意节点有故障可自动旁路,可靠性高,信息吞吐量大,适用于工业环境。但过多节点也会影响传输率。

（3）总线型拓扑

如图 4-6(c)所示,各节点通过一根总线相连,对总线有同等访问权。某节点发出的信息向两边可传至所有节点,各节点按地址号接收属于自己的信息。这种结构更为简单,介质费用低,可靠性高,易于扩充,通过中继器即可加长,PLC 工业局域网多采用这种结构。

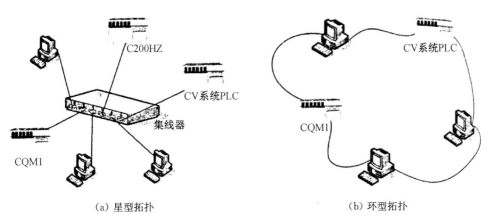

C200HZ

CV系统PLC

集线器

CQM1

CV系统PLC

CQM1

(a) 星型拓扑　　　　　　　　　　　　　　　(b) 环型拓扑

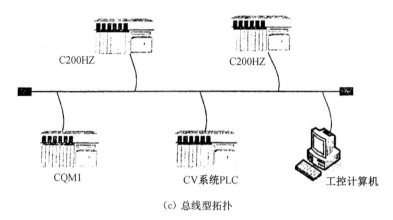

(c) 总线型拓扑

图 4-6 三种网络拓扑

2. 介质访问控制方式

介质访问控制是对网络通道占有权的控制。这种占有权可以是随机争用方式,如载波监听多路访问/冲突检测方式(CSMA/CD);也可以是受控的,如令牌总线方式和令牌环方式。

(1) CSMA/CD 方式

这种方式也称"先听后发,边发边听"方式,物理结构采用总线网络拓扑,允许网络中各站自由发送信息到总线上,但需在发送前或发送中监听总线是否空闲。当两个以上的站同时发送时,称为线路冲突,当监听到线路冲突信号时则停止发送,且已发送内容全部作废。这种方式适用于站点较少的网络,一旦站点数增多,传输率大大降低。

(2) 令牌环方式

物理结构采用环型拓扑,对总线的访问权以令牌为标志。令牌为一组二进制码,以一定顺序从一个站传到下一个站,如此循环。只有得到令牌的站才有总线控制权。

(3) 令牌总线方式

物理结构采用总线型式,事先指定一个顺序,令牌按此顺序传递,周而复始,逻辑上形成一个环。这种控制简单,易于实现,较令牌环更适用于工业环境。

3. 传输介质

在 PLC 网络中常使用的传输介质有双绞线、同轴电缆和光缆。

(1) 双绞线

常用的如非屏蔽双绞线,它的最外层是一层绝缘胶皮,胶皮内包着一对或多对双绞线,每对双绞线由颜色不同的两根绝缘铜导线互相缠绕而成,以降低各对线之间的电磁干扰。由于它价格低廉,安装简单,因此应用广泛。

(2) 同轴电缆

这是早期组建局域网时用的传输介质。线材中心有一根铜芯导线,外面包有一层网状铜体,最外层为电缆外皮。铜芯、铜体和外皮均用绝缘体隔开。

同轴电缆按传输频带不同可分为基带同轴电缆和宽带同轴电缆,其中基带同轴电缆常用于以太网中。

按直径同轴光缆可分为粗缆和细缆,粗缆可靠性高,传输距离长,造价也高,多用于大型局域网;细缆速度低,可靠性差,但造价较低,安装方便,抗干扰能力强,多被中小型网络所使用,如在总线型网络中用它连接网络设备。

(3) 光缆

一条光缆中常包含数条光纤,利用光学原理,先将电信号转成光信号,导入光纤,另一端用光接收机接收到光信号后,将其还原为电信号,经解码传给 CPU。

光缆具有很多优点,它的信号传输频带宽,容量大,抗干扰、抗衰减性强,传输距离远,还具有抗腐蚀能力,以上优点都使它特别适用于工业控制环境。OMRON 网络系统中,Remote I/O、Ethernet 等都采用光缆,其主要类型包括全塑光缆 APF、塑料护套光缆 PLCF 和硬塑料护套光缆 H-PLCF 三种。

二、PLC 的产生和发展

早期的工业生产中广泛使用的电气自动控制系统是继电器-接触器控制系统。它具有结构简单、价格低廉、容易操作和对维护技术要求不高的优点,特别适用于工作模式固定、控制要求比较简单的场合。随着工业生产的迅速发展,继电控制系统的缺点变得日益突出。由于其线路复杂,系统的可靠性难以提高且检查和修复相当困难。当产品更新时,生产机械加工规范和生产加工线也必须随之改变,而这种变动的工作量很大,造成的经济损失也相当可观。1968 年,美国通用汽车公司(GM)为适应汽车工业的激烈竞争,满足汽车型号不断更新的要求,向制造商公开招标,寻求一种取代传统继电器-接触器控制系统的新的控制装置,通用汽车公司对新型控制器提出的以下十大条件。

(1) 编程简单,可在现场修改程序。

(2) 维护方便,采用插件式结构。

(3) 可靠性高于继电接触控制系统。

(4) 体积小于继电接触控制系统。

(5) 成本可与继电器控制柜竞争。

(6) 可将数据直接输入计算机。

(7) 输入是 15 V(AC)(美国标准系列电压值)。

(8) 输出为 115 V、2A 以上,能直接驱动电磁阀、交流接触器、小功率电机等。

(9) 通用性强,能扩展。

(10) 能存储程序,存储器容量至少能扩展到 4 KB。

由此可见,美国通用汽车公司在寻找一种新型控制装置,它尽可能减少重新设计控制系统和接线,降低生产成本,缩短时间,设想把计算机功能完备、灵活、通用等优点和继电器控制系统简单易懂、操作方便、价格便宜等优点有机地结合起来,制造成一种通用控制装置,并把计算机的编程方法和程序输入方式加以简化,用面向控制对象、面向控制过程、面向用户的"自然语言"编写独特的控制程序,使不熟悉计算机的人员也能方便地使用。

根据上述要求,美国数字设备公司 DEC 在 1969 年首先研制出第一台可编程控制器 PDP-14,在汽车装配线上使用,取得了成功。接着,美国 MODICON 公司也开发出了可编程控制器。从此,这项新技术迅速在世界各国得到推广应用。1971 年日本从美国引进了这项新技术,很快研制出日本第一台可编程控制器 DSC-18。1973 年西欧国家也研制出他们的第一台可编程控制器。我国从 1974 年开始研制,1977 年开始工业推广应用。

早期的可编程控制器是为了取代继电器控制线路,其功能基本上限于开关量逻辑控制,仅有逻辑运算、定时、计数等顺序控制功能,一般称为可编程逻辑控制器(Programmable Logic Controller,简称 PLC)。这种 PLC 主要由分立元件和中小规模集成电路组成,在硬件设计上特别注重适用于工业现场恶劣环境的应用,但编程需要由受过专门训练的人员来完成,这是第一代可编程控制器。

进入 20 世纪 70 年代,随着微电子技术的发展,尤其是 PLC 采用通用微处理器之后,这种控制器就不再局限于当初的逻辑运算了,功能得到更进一步增强。进入 20 世纪 80 年代,随着大规模和超大规模集成电路等微电子技术的迅猛发展,以 16 位和少数 32 位微处理器构成的微机化 PLC,使 PLC 的功能增强,工作速度加快,体积减小,可靠性提高,成本下降,编程和故障检测更为灵活方便。现代的 PLC 不仅能实现开关量的顺序逻辑控制,而且具有数字运算、数据处理、运动控制以及模拟量控制功能,还具有远程 I/O、网络通信和图像显示等功能,已成为实现生产自动化、管理自动化的重要支柱。

我国有不少的厂家研制和生产过 PLC,但是还没有出现有影响力和较大市场占有率的产品。在全世界有上百家 PLC 制造厂商,其中著名的厂商有美国 Rockwell 自动化公司所属的 A-B(Allen & Bradly)公司、GE-Fanuc 公司、德国的西门子(SIEMENS)公司、法国的施耐德(SCHNEIDER)自动化公司、日本的欧姆龙(OMRON)和三菱公司等。这几家公司控制着全世界 80% 以上的 PLC 市场,它们的系列产品有其技术广度和深度,从微型 PLC 到上万个 I/O 点的大型 PLC 应有尽有。

1. PLC 的定义

PLC 的技术从诞生之日起,就不断地发展,PLC 的定义也经过多次变动。1987 年,国际电工委员会 IEC 颁布了可编程控制器最新的定义:可编程控制器是一种专门为在工业环境下应用而设计的数字运算操作的电子装置。它采用可以编制程序的存储器,用来在其内部存储执行逻辑运算、顺序运算、计时、计数和算术运算等操作指令,并能通过数字式或模拟式的输入和输出,控制各类的机械或生产过程。可编程控制器及其有关的外围设备都应按照易于与工业控制系统形成一个整体,易于扩展其功能的原则而设计。

可见,PLC 的定义实际是根据 PLC 的硬件和软件技术进展而发展的。这些发展不仅改进了 PLC 的设计,也改变了控制系统的设计理念。

2. PLC 的硬件进展

(1)采用新的先进的微处理器和电子技术达到快速扫描的目的。

(2)小型的、低成本的 PLC,可以代替 4 至 10 个继电器,现在获得更大的发展动力。

(3)高密度的 I/O 系统,以较低成本提供了节省空间的接口。

(4)基于微处理器的智能 I/O 接口扩展了分布式控制能力,典型的接口有 PID、网络、CAN 总线、现场总线、ASCII 通信、定位、主机通信模块和语言模块(如 BASIC、PASCAL)等。

(5)包括输入输出模块和端子的结构设计改进,使端子更加集成。

(6)特殊接口允许某些器件可以直接接到控制器上,如热电偶、热电阻、应力测量及快速响应脉冲等。

（7）外部设备改进了操作员界面技术，系统文档功能成为了 PLC 的标准功能。

以上这些硬件的改进，使 PLC 的产品系列丰富和发展，PLC 从最小的只有 10 个 I/O 点的微型 PLC，发展到可以达到 8 000 个 I/O 点的大型 PLC，产品应有尽有。这些产品系列，用普通的 I/O 系统和编程外部设备，可以组成局域网，并与办公网络相联。整个 PLC 的产品系列概念对于用户来说，是一个非常节约成本的控制系统概念。

三、PLC 的软件进展

（1）PLC 引入了面向对象的编程工具，并且根据国际电工委员会的 IEC61131-3 标准形成了多种语言。

（2）小型 PLC 也提供了强大的编程指令，并且延伸了应用领域。

（3）高级语言如 BASIC 和 C 语言在某些控制器模块中已经可以实现，并在与外部通信和处理数据时提供了更大的编程灵活性。

（4）梯形图逻辑中可以实现高级的功能块指令，使用户用简单的编程方法实现复杂的软件功能。

（5）诊断和错误检测功能从简单的系统控制器的故障诊断扩大到对所控制的机器和设备的过程和设备诊断。

（6）浮点算术可以进行控制应用中计量、平衡和统计等所牵涉的复杂计算。

（7）数据处理指令得到简化和改进，可以进行涉及大量数据存储、跟踪和存取的复杂控制和数据采集及处理功能。

尽管 PLC 比原来复杂了很多，但是它依然保持了令人吃惊的简单性，对操作员来说，今天的高功能的 PLC 与以前一样容易操作。

四、PLC 的特点

PLC 发展如此迅速是因为它具有一些其他控制系统（如 DCS 和通用计算机等）所不及的一些特点。

1. 可靠性

可靠性包括产品有效性和可维修性。PLC 的可靠性高，表现在下列几个方面。

（1）PLC 不需要大量的活动部件和电子元件，接线大大减少，与此同时，系统的维修简单，维修时间缩短，使可行性得到提高。

（2）PLC 采用一系列可靠性设计方法进行设计，例如冗余设计、掉电保护、故障诊断报告，运行信息显示、信息保护及恢复等，使可靠性得到提高。

（3）PLC 有较强的易操作性，它具有编程简单、操作方便、编程的出错率大大降低等特点及为适应工业恶劣操作环境而设计的硬件，可靠性大大提高。

（4）PLC 的硬件设计，采用了一系列提高可靠性的措施。例如，采用可靠性高的工业级元件和先进的电子加工工艺（SMT）制造，对干扰进行屏蔽、隔离和滤波等，采用看门狗和自诊断措施，便于维修、设计等，使可靠性得到提高。

2. 易操作性

PLC 的易操作性表现在下列三个方面。

（1）操作方便。对 PLC 的操作包括程序的输入和程序的更改，大多数 PLC 采用编程器进行程序输入和更改操作。现在 PLC 的编程大部分可以用电脑直接进行，更改程序也可根据所需地址编号、继电器编号或接点号等直接进行搜索或按顺序寻找，然后可以在线或离线更改。

（2）编程方便。PLC 有多种程序设计语言可以使用，对现场电气人员来说，由于梯形图与电气原理图相似，因此，梯形图很容易理解和掌握。采用语句表编程时，由于编程语句是功能的缩写，便于记忆，并且与梯形图有一一对应的关系，有利于编程人员的编程操作。功能图表语言以过程流程进展为主线，有利于设计人员与工艺专业人员设计思想的沟通。功能模块图和结构化文本语言编程方法具有功能清晰、易于理解等优点，而且与 DCS 组态语言统一，受到了广大技术人员的重视。

（3）维修方便。PLC 所具有的自诊断功能降低了对维修人员的技术要求，当系统发生故障时，通过硬件和软件的自诊断，维修人员可以根据有关故障代码的显示和故障信号灯的提示等信息或通过编程器和 HMI 屏幕的设定，直接找到故障所在的部位，迅速排除故障并进行修复，节省了时间。

为便于维修工作的开展，有些 PLC 制造商提供维修用的专用仪表或设备，提供故障维修用资料；有些厂商还提供维修用的智能卡件或插件板，使维修工作变得十分方便。此外，PLC 的面板和结构设计也考虑了维修的方便性。例如，将可能需要维修的部件设置在便于维修的位置，信号灯设置在易于观察的位置，接线端子采用便于接线和更换的类型等，这些设计使维修工作能方便地进行，大大缩短了维修时间。采用标准化元件和标准化工艺生产流水作业，使维修用的备用品备用件简化等，也使维修工作变得方便。

3. 灵活性

PLC 的灵活性主要表现在下列几个方面。

（1）编程的灵活性。PLC 采用的标准编程语言有梯形图、指令表、功能图表、功能模块图和结构化文本编程语言等。使用者只要掌握其中一种编程语言就可进行编程，编程方法的多样性使编程更方便。由于 PLC 内部采用软连接，因此，在生产工艺流程更改或者生产设备更换后，可不必改变 PLC 的硬件设备，通过程序的编制与更改就能适应生产的需要。这种编程的灵活性是继电器控制系统和数字电路控制系统所不能比拟的，正是由于编程的柔性特点，使 PLC 成为工业控制领域的重要控制设备，在计算机集成制造系统 CIMS 和计算机流程工业系统 CIPS 中，得到广泛的应用。

（2）扩展的灵活性。PLC 的扩展灵活性是指可以根据应用的规模不断扩展，即进行容量的扩展、功能的扩展、应用和控制范围的扩展。它不仅可以通过加输入输出卡件增加点数，通过扩展单元扩大容量和功能，也可以通过多台 PC 的通信来扩大容量和功能，甚至可以与其他的控制系统如 DCS 或上位机的通信来扩展其功能，并与外部的设备进行数据交换。这种扩展的灵活性大大方便了用户。

③操作的灵活性。操作的灵活性是指设计工作量、编程工作量和安装施工的工作量的减少，使操作变得十分方便和灵活，监视和控制变得很容易。在继电器控制系统中所需

的一些操作得到简化,不同生产过程可采用相同的控制台和控制屏等。

4. 机电一体化

为了使工业生产过程的控制更平稳可靠,向优质高产低耗要效益,对过程控制设备和装置提出了机电一体化要求,即使仪表、电子及计算机综合,而 PLC 正是这一要求的产物。它是专门为工业过程而设计的控制设备,具有体积小、功能强、抗干扰性好等优点,它将机械与电气部件有机地结合在一个设备内,把仪表、电子和计算机的功能综合集成在一起,因此,它已经成为当今数控技术、工业机器人、离散制造和过程流程等领域的主要控制设备。

五、PLC 与各类控制系统的比较

1. PLC 与继电器控制系统的比较

传统的继电器控制系统是针对一定的生产机械、固定的生产工艺而设计,采用硬接线方式安装而成,只能完成既定的逻辑控制、定时和计数等功能,即只能进行开关量的控制,一旦改变生产工艺过程,继电器控制系统必须重新配线,因而适应性很差,且体积庞大,安装、维修均不方便。由于 PLC 应用了微电子技术和计算机技术,各种控制功能是通过软件来实现的,只要改变程序,就可适应生产工艺改变的要求,因此适应性强。PLC 不仅能完成逻辑运算、定时和计数等功能,而且能进行算术运算,因而它既可进行开关量控制,又可进行模拟量控制,还能与计算机联网,实现分级控制。PLC 还有自诊断功能,所以在用微电子技术改造传统产业的过程中,传统的继电器控制系统必将被 PLC 所取代。

2. PLC 与单片机控制系统比较

单片机控制系统仅适用于较简单的自动化项目,硬件上主要受 CPU、内存容量及 I/O 接口的限制,软件上主要受限于与 CPU 类型有关的编程语言。现代 PLC 的核心就是单片微处理器。虽然用单片机做控制部件在成本方面具有优势,但是从单片机到工业控制装置之间毕竟有一个硬件开发和软件开发的过程。虽然 PLC 也有必不可少的软件开发过程,但两者所用的语言差别很大,单片机主要使用汇编语言开发软件,所用的语言复杂且易出错,开发周期长。而 PLC 使用专用的指令系统来编程,简便易学,现场就可以开发调试。与单片机比较,PLC 的输入输出端更接近现场设备,不需添加太多的中间部件,这样节省了用户时间和总的投资。一般说来单片机或单片机系统的应用只是为某个特定的产品服务的,单片机控制系统的通用性、兼容性和扩展性都相当差。

3. PLC 与计算机控制系统的比较

PLC 是专为工业控制所设计的,而微型计算机是为科学计算、数据处理等设计的,尽管两者在技术上都采用了计算机技术,但由于使用对象和环境不同,PLC 具有面向工业控制、抗干扰能力强、适应工程现场的温度湿度等特点。此外,PLC 使用面向工业控制的专用语言而使编程及修改方便,并有较完善的监控功能。而微机系统则不具备上述特点,一般对运行环境要求苛刻,使用高级语言编程,要求使用者有相当水平的计算机硬件和软件知识。而人们在应用 PLC 时,不必进行计算机方面的专门培训,就能进行操作及编程。

4. PLC 与传统的集散型控制系统的比较

PLC 是由继电器逻辑控制系统发展来的,而传统的分散控制系统(Distributed Control System,简称 DCS)是由回路仪表控制系统发展起来的,它在模拟量处理、回路调节等方面有一定的优势。PLC 随着微电子技术、计算机技术和通信技术的发展,无论在功能上、速度上、智能化模块以及联网通信上,都有很大的提高,并开始与小型计算机联成网络,构成了以 PLC 为重要部件的分布式控制系统。随着网络通信功能的不断增强,PLC 与 PLC 及计算机的互联,可以形成大规模的控制系统。现在各类 DCS 也面临着高端 PLC 的威胁。由于 PLC 的技术不断发展,现代 PLC 基本上全部具备 DCS 过去所独有的一些复杂控制功能,且 PLC 具有操作简单的优势,最重要的一点,就是 PLC 的价格和成本是 DCS 系统所无法比拟的。

六、PLC 与控制系统的类型

1. PLC 构成的单机系统

PLC 构成的单机系统的被控对象是单一的机器生产或生产流水线,其控制器是由单台 PLC 构成,一般不需要与其他 PLC 或计算机进行通信。但是,设计者还要考虑将来是否有联网的需要,如果需要的话,应当选用具有通信功能的 PLC,如图 4-7 所示。

2. PLC 构成的集中控制系统

PLC 构成的集中控制系统的被控对象通常是由数台机器或数条流水线构成,该系统的控制单元由单台 PLC 构成,每个被控对象与 PLC 指定的 I/O 相连。由于采用一台 PLC 控制,因此,各被控对象之间的数据、状态不需要另外的通信线路。但是一旦 PLC 出现故障,整个系统将停止工作。对于大型的集中控制系统,通常采用冗余系统克服上述缺点,如图 4-8 所示。

3. PLC 构成的分布式控制系统

PLC 构成的分布式控制系统的被控对象通常比较多,分布在一个较大的区域内,相互之间比较远,而且,被控对象之间经常交换数据和信息。该系统的控制器采用若干个相互之间具有通信功能的 PLC 构成。系统的上位机可以采用 PLC,也可以采用工控机,如图 4-9 所示。PLC 作为一种控制设备,单独构成一个控制系统是有局限性的,主要是无法进行复杂运算,无法显示各种实时图形和保存大量历史数据,也不能显示汉字和打印汉字报表,没有良好的界面。这些不足,我们利用上位机来弥补。上位机完成监测数据的存储、处理与输出,以图形或表格形式对现场进行动态模拟显示、分析限值或报警信息,驱动打印机实时打印各种图表。

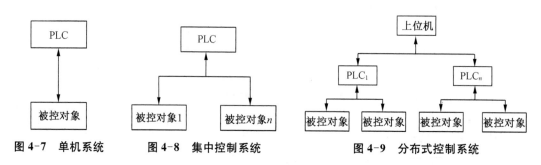

图 4-7　单机系统　　　图 4-8　集中控制系统　　　图 4-9　分布式控制系统

七、PLC 的应用

目前,PLC 在国内外已广泛应用于钢铁、石油、化工、电力、建材、机械制造、汽车、交通运输、环保等各行各业。随着其性能价格比的不断提高,其应用范围不断扩大,其用途大致有以下几个方面。

1. 开关量的逻辑控制

开关量的逻辑控制是 PLC 最基本的应用,用 PLC 取代传统的继电器控制,实现逻辑控制和顺序控制,如机床电气控制,家用电器(电视机、冰箱、洗衣机等)自动装配线的控制,化工、造纸、轧钢自动生产线的控制等。

2. 过程控制

过程控制是指对温度、压力、流量等连续变化的模拟量的闭环控制。PLC 通过模拟量 I/O 模块,实现模拟量(Analog)和数字量(Digital)之间的 A/D 与 D/A 转换,并对模拟量实行闭环 PID(比例—积分—微分)控制。现代的 PLC 一般都有 PID 闭环控制功能,这一功能可以用 PID 功能指令或专用的 PID 模块来实现。其 PID 闭环控制功能已经广泛地应用于塑料挤压成型机、加热炉、热处理炉、锅炉等设备,以及轻工、化工、机械、冶金、电力、建材等行业。

3. 运动控制

PLC 使用专用的指令或运动控制模块,对直线运动或圆周运动进行控制,可实现单轴、双轴、三轴和多轴位置控制,使运动控制与顺序控制功能有机地结合。PLC 的运动控制功能广泛地应用于各种机械,如金属切削机床、金属成型机械、装配机械、机器人及电梯等场合。

4. 数据处理

现代的 PLC 具有数学运算(包括四则运算、矩阵运算、函数运算、字逻辑运算,求反、循环、移位和浮点数运算等),数据传送、转换、排序和查表、位操作等功能,可以完成数据的采集、分析和处理。这些数据可以与储存在存储器中的参考值比较,也可以用通信功能传送到别的智能装置,或者将它们打印制表。

5. 通信联网

与上位计算机或其他智能设备(如变频器、数控装置)之间的通信,利用 PLC 和计算机的 RS-232 或 RS-422 接口、PLC 的专用通信模块,用双线和同轴电缆或光缆将它们联成网络,实现信息交换,构成"集中管理、分散控制"的多级分布式控制系统,建立自动化网络。

八、PLC 发展的趋势

近年来,PLC 发展的明显特征是产品的集成度越来越高,工作速度越来越快,功能越来越强,使用越来越方便,动作越来越可靠,具体表现为以下几个方面。

1. 向微型化、专业化的方向发展

随着数字电路集成度的提高,元器件体积的减小和质量的提高,PLC 结构更加紧凑,设计制造水平在不断进步。微型 PLC 的价格便宜,性价比不断提高,很适合于单机自动化或组成分布式控制系统。有些微型 PLC 的体积非常小,如三菱公司的 Alpha 2、FXIS 系列均为超小 PLC。微型 PLC 的体积虽小,功能却很强,过去一些大中型 PLC 才有的功能如模拟量的处理、通信、PID 调节运算等,均可以被移植到小型机上。

2. 向大型化、高速度、高性能方向发展

大型化是指大中型 PLC 向着大容量、智能化和网络化发展,使之能与计算机组成集成控制系统,对大规模、复杂系统进行综合性的自动控制。大型 PLC 大多采用多 CPU 结构,如三菱的 AnA 系列 PLC 使用了世界上第一个在一块芯片上实现 PLC 全部功能的 32 位微处理器,即顺序控制专用芯片,其扫描一条基本指令的时间为 0.15 μs。

在模拟量控制方面,除了专门用于模拟量闭环控制的 PID 指令和智能 PID 模块外,某些 PLC 还具有模拟量模糊控制、自适应、参数整定功能,使调试时间减少,控制精度提高。

同时,用于监控、管理、编程的人机接口和图形工作站的功能日益加强。如西门子公司的 TISTAR 和 PCS 工作站使用的 APT(应用开发工具)软件,是面向对象的配置设计、系统开发和管理的工具软件,它使用工业标准符号进行基于图形的配置设计。自上而下的模块化和面向对象的设计方法,大大地提高了配置效率,降低了工程费用,系统的设计开发自始至终体现了高度结构化的特点。

3. 编程语言日趋标准

与个人计算机相比,PLC 的硬件、软件体系结构都是封闭的而不是开放的。在硬件方面,各厂家的 CPU 模块和 I/O 模块互不通用,各公司的总线、通信网络和通信协议一般也是专用的。编程语言虽然多用梯形图,但具体的指令系统和表达方式并不一致,因此各公司的 PLC 互不兼容。为了解决这一问题,国际电工委员会 IEC 于 1994 年 5 月公布了 PLC 标准(IEC1131-3),其中的第三部分是 PLC 的编程语言标准。标准中共有五种编程语言,顺序功能图(SFC)是一种结构块控制程序流程图,梯形图和功能块图是两种图形语言,此外还有两种文字语言指令表和结构文本。除了提供几种编程语言可供用户选择外,标准还允许编程者在同一程序中使用多种编程语言,这使编程者能够选择不同的语言来适应特殊的工作。几乎所有的 PLC 厂家都表示在将来完全支持 IEC1131-3 标准,但是不同厂家的产品之间的程序转换仍有一个过程。

4. PLC 与其他工业产品更加融合

PLC 与个人计算机、分布式控制系统和计算机数控(CNC)在功能和应用方面相互渗透、互相融合,使控制系统的性价比不断提高。目前的趋势是采用开放式的应用平台,即网络、操作系统、监控及显示均采用国际标准或工业标准,如操作系统采用 UNIX、MS-DOS、Windows、OS/2 等,这样可以把不同厂家的 PLC 产品连接在一个网络中运行。

(1)PLC 与 PC 的融合

个人计算机的价格便宜,有很强的数据运算、处理和分析能力。目前个人计算机主要用作 PLC 的编程器、操作站或人/机接口终端。将 PLC 与工业控制计算机有机地结合在一起,形成了一种被称为 IPLC(Integrated PLC)的新型控制装置,其典型代表是 1988 年 10 月 A-B 公司与 DEC 公司联合开发的金字塔集成器(Pyramid Integrator),它是 PLC 工业成熟的一个里程碑。它由 A-B 公司的大型可编程控制器(PLC-5/250)和 DEC 公司的 Micro VAX 计算机组合而成,放在同一块 VME 总线底板上。可以认为 IPLC 是能运行 DOS 或 Windows 操作系统 PLC,也可以认为它是能用梯形图语言以实时方式控制 I/O 的计算机。

（2）PLC 与 DCS 的融合

DCS 主要用于石油、化工、电力、造纸等工业流程的过程控制。它是用计算机技术对生产过程进行集中监视、操作、管理和分散控制的一种新型控制装置,是由计算机技术、信号处理技术、测量控制技术、通信网络技术和人机接口技术竞相发展、互相渗透而产生的,既不同于分散的仪表控制技术,又不同于集中式计算机控制系统,而是吸收了两者的优点,在它们的基础上发展起来的一门技术。PLC 日益加速渗透到以多回路为主的分布式控制系统之中,这是因为 PLC 已经能够提供各种类型的多回路模拟量输入、输出和 PID 闭环控制功能,以及高速数据处理和高速数据通信联网功能。PLC 擅长开关量逻辑控制,DCS 擅长模拟量回路控制,二者相结合,则可以优势互补。

（3）PLC 与 CNC 的融合

计算机数控(CNC)已受到来自 PLC 的挑战,可 PLC 已经用于控制各种金属切削机床、金属成型机械、装配机械、机器人、电梯和其他需要位置控制和进度控制的场合。过去控制几个轴的内插补是 PLC 的薄弱环节,而现在已经有一些公司的 PLC 能实现这种功能。例如三菱公司的 A 系列和 Ans 系列大中型 PLC 均有单轴、双轴、三轴位置控制模块,集成了 CNC 功能的 IPCL620 控制器可以完成 8 轴的插补运算。

5．PLC 与现场总线相结合

现场总线(Field Bus)是连接智能现场设备和自动化系统的数字式、双向传输、多分支结构的通信网络,它是当前工业自动化的热点之一。现场总线以开放的、独立的、全数字化的双向多变量通信代替 $0\sim10$ mA 或 $4\sim20$ mA 现场电动仪表信号。现场总线 I/O 集检测、数据处理、通信为一体,可以代替变送器、调节器、记录仪等模拟仪表,它接线简单,只需一根电缆,从主机开始,沿数据链从一个现场总线 I/O 连接到下一个现场总线 I/O。

现场总线控制系统将 DCS 的控制站功能分散给现场控制设备,仅靠现场总线设备可以实现自动控制的基本功能。例如将电动调节阀及其驱动电路与输出特性补偿、PID 控制和运算、阀门自校验和自诊断功能集成在一起,再配上温度变送器就可以组成闭环温度控制系统,有的传感器中也植入了 PID 控制功能。使用现场总线后,操作员可以在中央控制室实现远程监控,对现场设备进行参数调整,还可以通过现场设备的自诊断功能预测故障和寻找故障点。

PLC 与现场总线相结合,可以组成价格便宜、功能强大的分布式控制系统,由于历史原因,现在有多种现场总线标准并存,包括基金会现场总线(Foundation Fieldbus)、过程现场总线(Profibus)、局域操作网络(LonWorks)、控制器局域网络(CAN)、可寻址远程变送器数据通路协议(HART)。一些主要的 PLC 厂家将现场总线作为 PLC 控制系统中的底层网络,如 Rockwell 公司的 PLC5 系列 PLC 安装了 Profibus 协议处理器模块后,能与其他厂家支持 Profibus 通信协议的设备通信,如传感器、执行器、变送器、驱动器、数控装置和个人计算机。西门子公司的 PLC 也可以连接 Profibus 网络,如该公司的 6ES7215

型 CPU 模块能提供 Profibus-DP 接口,传输速率可达 12 Mbit/s,可选双绞线或光纤电缆,连接 127 个节点,传输距离为 9.6 km(双绞线)/23.8 km(光纤电缆)。Schneider 公司的 Modicon TSX Quantum 控制系统的 LonWorks 模块可用于实时性要求不高的场合,如数字自动化控制。

6. 通信联网能力增强

PLC 的通信联网功能使 PLC 与个人计算机之间以及与其他智能控制设备之间可以交换数字信息,形成一个统一的整体,实现分散控制和集中管理。PLC 通过双绞线、同轴电缆或光纤联网,信息可以传送到几十千米远的地方。PLC 网络大多是各厂家专用的,但是它们可以通过主机与遵循标准通信协议的大网络联网。

西门子公司的 PLC 可以通过 SINEC H1、SINEC L2(Profibus)或 SINEC L1 进行通信。SINEC H1 是一种符合 IEEE802.3 标准的以太网,可连接 1 024 个节点,传输距离为 4.6 km,传输速率为 10 Mb/s。SINEC L1 是一种速度较低的廉价网络。在网络中,个人计算机图形工作站、小型机等可以作为监控站或工作站,它们能够提供屏幕显示、数据采集、分析整理、记录保持和回路面板等功能。而三菱公司的系列 PLC 能够连接到世界上最流行的开放式网络 CC-Link、Profibus-DP 和 DeviceNet,或者采用传感器层次的网络,以满足用户通信需求。

第七节　PLC 的构成

PLC 实质上是一台用于工业控制的专用计算机,它与一般计算机的结构及组成相似,为了便于接线、扩充功能、操作与维护,以及提高系统的抗干扰能力,其结构及组成又与一般计算机有所区别。

一、PLC 的硬件

PLC 的基本组成包括中央处理模块(CPU)、存储器模块、输入输出(I/O)模块、电源模块及外部设备(如编程器),如图 4-10 所示。

主机内的各部分均通过电源总线、控制总线、地址总线和数据总线连接。根据实际控制对象的需要配备一定的外部设备,可构成不同的 PLC 控制系统。常用的外部设备有编程器、打印机、EPROM 写入器等。PLC 还可以配置通信模块与上位机及其他的 PLC 进行通信,构成 PLC 的分布式控制系统。

1. 中央处理模块

中央处理模块(CPU)一般由控制器、运算器和寄存器组成,这些电路都集成在一个芯片内。CPU 通过数据总线、地址总线和控制总线与存储单元、输入/输出接口电路相连接。

PLC 中所采用的 CPU 随机型不同而异,通常有三种:通用微处理器(如 8086、80286、80386 等)、单片机和位片式微处理器。小型 PLC 大多采用 8 位、16 位微处理器或单片机作 CPU,具有价格低、通用性好等优点。对于中型的 PLC,大多采用 16 位、32 位微处理

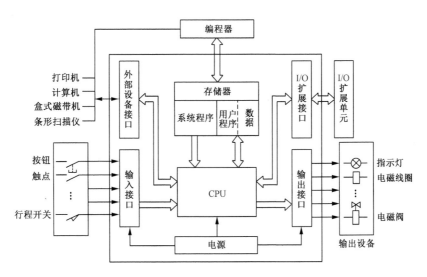

图 4-10　PLC 的基本组成

器或单片机作为 CPU,如 8086、96 系列单片机,具有集成度高、运算速度快、可靠性高等优点。

对于大型 PLC,大多数采用高速位片式微处理器,具有灵活性强、速度快、效率高等优点。

与通用计算机一样,CPU 是 PLC 的核心部件,它完成 PLC 所进行的逻辑运算、数值计算及信号变换等任务,并发出管理、协调 PLC 各部分工作的控制信号。CPU 主要作用如下。

(1) 接收从编程器输入的用户程序和数据,送入存储器存储。

(2) 用扫描方式接收输入设备的状态信号,并存入相应的数据区(输入映像寄存器)。

(3) 监测和诊断电源、PLC 内部电路的工作状态和用户编程过程中的语法错误等。

(4) 执行用户程序。从存储器逐条读取用户指令,完成各种数据的运算、传送和存储等。

(5) 根据数据处理的结果,刷新有关标志位的状态和输出映像寄存器表的内容,再经输出部件实现输出控制、制表打印或数据通信等功能。

2. 存储器模块

PLC 的存储器是存放程序及数据的地方,PLC 运行所需的程序分为系统存储器(EPROM)和用户存储器(RAM)两部分。

(1) 系统存储器

系统存储器用来存放 PLC 生产厂家编写的系统程序,并固化在只读存储器 ROM 内,用户不能更改。

(2) 用户存储器

用户存储器包括用户程序存储区和数据存储区两部分。用户程序存储区存放针对具体控制任务,用规定的 PLC 编程语言编写的控制程序。用户程序存储区的内容可以由用户任意修改或增删。用户程序存储器的容量一般代表 PLC 的标称容量,通常小型机小于

8 KB,中型机小于 64 KB,大型机在 64 KB 以上。用户数据存储区用于存放 PLC 在运行过程中所用到的和生成的各种工作数据。用户数据存储区包括输入数据映像区,输出数据映像区,定时器、计算器的预置值和当前值的数据区和存放中间结果的缓冲区等。这些数据是不断变化的,但不需要长久保存,因此采用随机读写存储器 RAM。由于随机读写存储器 RAM 是一种挥发性的器件,即当供电电源关掉后,其存储的内容会丢失,因此在实际使用中通常为其配备掉电保护电路。当电源断开后,由备用电池为它供电,保护其存储的内容不丢失。

3. 输入输出(I/O)模块

输入输出(I/O)模块是 PLC 与工业控制现场各类信号连接的部分,起着 PLC 与被控对象间传递输入输出信息的作用。由于实际生产过程中产生的输入信号多种多样,信号电平各不相同,而 PLC 所能处理的信号只能是标准电平,因此必须通过输入模块将这些信号转换成 CPU 能够接收和处理的标准电平信号。同样,外部执行元件如电磁阀、接触器、继电器等所需的控制信号电平也有差别,也必须通过输出模块将 CPU 输出的标准电平信号转换成这些执行元件所能接收的控制信号。

PLC I/O 模块的电路框图如图 4-11 所示。为了提高抗干扰能力,一般的 I/O 模块都有光电隔离装置。在数字量 I/O 模块中广泛采用由发光二极管和光电三极管组成的光电耦合器,在模拟量 I/O 模块中通常采用隔离放大器。

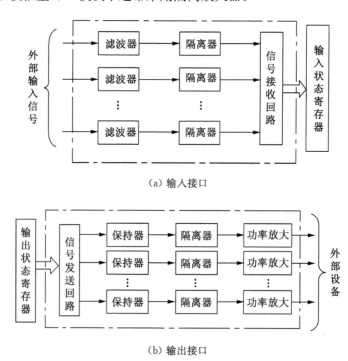

图 4-11　输入输出接口电路结构框图

来自工业生产现场的输入信号经输入模块进入 PLC。这些信号可以是数字量、模拟量、直流信号、交流信号等,使用时要根据输入信号的类型选择合适的输入模块。

由 PLC 产生的输出控制信号经过输出模块驱动负载,如电动机的起停和正反转、阀门的开闭、设备的移动和升降等。和输入模块相同，与输出模块相接的负载所需的控制信号可以是数字量、模拟量、直流信号、交流信号等，因此，同样需要根据负载性质选择合适的输出模块。

PLC 具有多种 I/O 模块，常见的有数字量 I/O 模块和模拟量 I/O 模块，以及快速响应模块、高速计数模块、通信接口模块、温度控制模块、中断控制模块、PID 控制模块和位置控制模块等种类繁多、功能各异的专用 I/O 模块和智能 I/O 模块。I/O 模块的类型、品种与规格越多，PLC 系统的灵活性越好；I/O 模块的 I/O 容量越大，PLC 系统的适应性越强。

4. 电源模块

PLC 的电源模块把交流电源转换成 CPU、存储器等电子电路工作所需要的直流电源，使 PLC 正常工作。PLC 的电源部件有很好的稳压措施，因此对外部电源的稳定性要求不高，一般允许外部电源电压的额定值在 $+10\% \sim 15\%$ 的范围内波动。有些 PLC 的电源模块还能向外提供 24 V(DC)稳压电源，用于对外部传感器供电。为了防止外部电源发生故障时 PLC 内部程序和数据等重要信息丢失，PLC 用锂电池作停电时的后备电源。

5. 外部设备

(1) 编程器

PLC 的特点是它的程序是可以改变的，可方便地加载程序，也可方便地修改程序。编程器是 PLC 不可缺少的设备。编程器除了编程以外，一般都还具有一定的调试及监视功能，可以通过键盘调入及显示 PLC 的状态、内部器件及系统的参数，它经过 I/O 接口与 CPU 连接，完成人机对话操作。PLC 的编程器一般分为专用编程器和个人计算机（内装编程软件）两类。

专用编程器有手持式和台式两种。其中手持式编程器携带方便，适合工业控制现场应用。按照功能强弱，手持式编程器又可分为简易型及智能型两类，前者只能联机编程，后者既可联机又可脱机编程。脱机编程是指在编程时，把程序存储在编程器内存储器中的一种编程方式。脱机编程的优点是在编程及修改程序时，可以不影响原有程序的执行，也可以在远离主机的异地编程后再到主机所在地下载程序。

编程软件安装在个人计算机上，可编辑、修改用户程序，在计算机和 PLC 之间进行程序的相互传送，监控 PLC 的运行，并在屏幕上显示其运行状况，还可将程序储存在磁盘上或打印出来等。

专用编程器只能对某一 PLC 生产厂家的产品编程，使用范围有限。如今 PLC 以每隔几年一代的速度不断更新换代，因此专用编程器的使用寿命有限，其价格一般也比较高。现在的趋势是以个人计算机作为基础的编程系统，由 PLC 厂家向用户提供编程软件。个人计算机是指 IBM PC/AT 及其兼容机，工业用的个人计算机可以在较高的温度和湿度条件下运行，能够在类似于 PLC 运行条件的环境中长期可靠地工作。轻便的笔记本电脑配上 PLC 的编程软件，很适合在工业现场调试程序。世界上主要的 PLC 厂家都提供了供个人计算机使用的可编程控制器编程、监控软件，不少厂家还推出了中文版的编程软件，对于不同型号和厂家的 PLC，只需要更换编程软件就可以了。

（2）其他外部设备

PLC 还配有生产厂家提供的一些其他外部设备，如外部存储器、打印机和 EPROM（可擦除可编程的只读存储器）写入器等。

外部存储器是指磁带或磁盘，工作时可将用户程序或数据存储在盒式录音机的磁带上或磁盘驱动器的磁盘中，作为程序备份。当 PLC 内存中的程序被破坏或丢失时，可将外存中的程序重新装入。打印机用来打印带注释的梯形图程序或语句表程序，以及各种报表等。在系统的实时运行过程中，打印机用来提供运行过程中发生事件的硬记录，如记录 PLC 运行过程中故障报警的时间等，这对于事故分析和系统改进是非常有价值的。EPROM 写入器是将用户程序写入 EPROM 中。同一 PLC 的各种不同应用场合的用户程序可分别写入不同的 EPROM 中，当系统的应用场合发生改变时，只需更换相应的EPROM 芯片即可。

二、PLC 的软件

1. 软件的分类

PLC 的软件包含系统软件及应用软件两大部分。

（1）系统软件

系统软件是指系统的管理程序、用户指令的解释程序及一些供系统调用的专用标准程序块等。系统管理程序用以完成 PLC 运行相关的时间分配、存储空间分配管理和系统自检等工作。用户指令的解释程序用以完成用户指令变换为机器码的工作。系统软件在用户使用 PLC 之前就已装入机内，并永久保存，在各种控制工作中都不能更改。

（2）应用软件

应用软件又称为用户软件、用户程序，是由用户根据控制要求，采用 PLC 专用的程序语言编制的应用程序。

2. 应用软件常用的编程语言

目前 PLC 常用的编程语言有梯形图、指令表、顺序功能图、功能块图等。

（1）梯形图

梯形图是一种以图形符号及图形符号在图中的相互关系表示控制关系的编程语言，是从继电器电路图演变过来的。图 4-12 所示为继电器控制电路图与 PLC 控制的梯形图，它们的控制功能相同，都能实现三相异步电动机的自锁正转控制。梯形图中所绘的符号和继电器控制电路图中的符号和结构都十分相似，相似的原因非常简单，一是梯形图是为熟悉继电器控制电路图的工程技术人员设计的，二是两种图所表达的逻辑含义是一样的。因而，绘制梯形图时，可将 PLC 中参与逻辑组合的元件看成和继电器一样，具有常开、常闭触点及线圈，且线圈的得电、失电将导致触点的相应动作；再用母线代替电源线，用能量流概念来代替继电器控制电路中电流概念；使用与绘制继电器控制电路图类似的思路绘出梯形图。

梯形图与继电器控制电路图两者之间仍存在许多差异。

①PLC 采用梯形图编程是模拟继电器控制系统的表示方法，因而梯形图内各种元件也沿用了继电器的叫法，称为软继电器，例如图 4-12 中 X0、X1（输入继电器）、Y0（输出继

电器）。梯形图中的软继电器不是物理继电器，每个软继电器为存储器中的一位，相应位为"1"，表示该继电器线圈得电。用软继电器就可以按继电器控制系统的形式来设计梯形图。

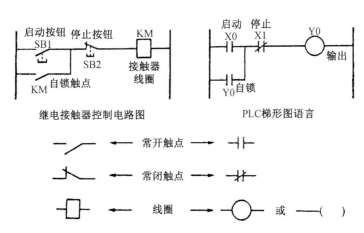

图 4-12　继电器控制电路图与 PLC 控制的梯形图的比较

②梯形图中流过的"电流"不是物理电流，而是"能量流"，它只能从左到右、自上而下流动。"能量流"不允许倒流。"能量流"流到，表示线圈接通。"能量流"流向的规定表示出 PLC 的扫描是自左向右、自上而下顺序地进行，而继电器控制系统中的电流是不受方向限制的，导线连接到哪里，电流就可流到哪里。

③梯形图中的常开、常闭触点不是现场物理开关的触点，它们对应输入映像寄存器、输出映像寄存器或数据寄存器中的相应位的状态，而不是现场物理开关的触点状态。认为常开触点是取位操作，常闭触点应理解为取位反操作。因此在梯形图中同一元件的一对常开、常闭触点的切换没有时间的延迟，常开、常闭触点互为相反状态。而继电器控制系统中大多数电器属于先断后合型电器。

④梯形图中的输出线圈不是物理线圈，不能用它直接驱动现场执行机构。输出线圈状态对应输出映像寄存器相应的状态而不是现场电磁开关实际状态。

⑤编制程序时，PLC 内部继电器的触点原则上可无限次反复使用，因为存储单元中的位状态可取用任意次；继电器控制系统中的继电器触点数是有限的。但是 PLC 内部的线圈通常只引用一次，因此，应慎重对待重复使用同一地址编号的线圈。

（2）指令表

指令表又称为语句表。语句表和汇编语言有点类似，由语句指令依一定的顺序修列而成。一条指令一般可分为两部分，一为助记符，二为操作数。有些指令只有助记符，称为无操作数指令。语句表和梯形图有严格的对应关系。对指令表运用不熟悉的人可先画出梯形图，再转换为语句表。程序编制完毕装入机内运行时，简易编程设备都不具备直接读取图形的功能，梯形图程序只有改写为指令表才有可能送入可编程控制器运行。如图4-13 所示为梯形图语言所对应的语句表。

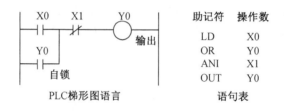

图 4-13 梯形图语言对应的语句表

（3）顺序功能图

顺序功能图常用来编制顺序控制类程序。它包含步、动作、转换三个要素。顺序功能图编程法是将一个复杂的顺序控制过程分解为一些小的工作状态，对这些小状态的功能分别处理后再将它们依顺序连接组合成整体的控制程序。顺序功能图体现了一种编程思想，在程序的编制中有很重要的意义。顺序功能图的示意图，如图 4-14 所示。

（4）功能块图

功能块图是一种类似于数字逻辑门电路的编程语言，有数字电路基础的人很容易掌握。该编程语言用类似"与门""或门"的方框来表示逻辑运算关系，方框的左侧为逻辑运算的输入变量，右侧为逻辑运算的输出变量，输入、输出端的小圆圈表示"非"运算，方框被"导线"连接在一起，信号从左向右流动，如图 4-15 所示为功能块图的实例。仅个别微型 PLC 模块（如西门子公司的"LOGO!"逻辑模块）使用功能块图编程语言。

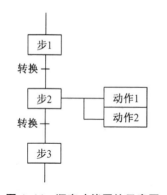

图 4-14 顺序功能图的示意图

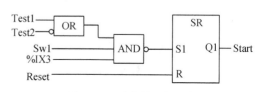

图 4-15 功能块图的实例

三、PLC 的分类

1. 按硬件的结构类型分类

PLC 是专门为工业生产环境设计的，为了便于在工业现场安装、扩展、接线，其结构与普通计算机有很大区别，通常有整体式、模块式和叠装式三种结构。

（1）整体式 PLC

整体式又称为单元式或箱体式。整体式 PLC 的 CPU 模块、I/O 模块和电源装在一个箱体机壳内，结构非常紧凑，体积小、价格低，小型 PLC 一般采用整体式结构。整体式 PLC 提供多种不同 I/O 点数的基本单元和扩展单元供用户选用，基本单元内包括 CPU 模块、I/O 模块和电源，扩展单元内只有 I/O 模块和电源，基本单元和扩展单元之间用扁平电缆连接。各单元的输入点与输出点的比例一般是固定的(如 3∶2),有的 PLC 有全输入型和全输出型的扩展单元。整体式 PLC 一般配有许多专用的特殊功能单元,如模拟量 I/O 单元、位置控制单元、数据输入输出单元等,使 PLC 的功能得到扩展。如 OMRON 公司的 C20P、C40P、C60P,三菱公司的 F1 系列,东芝公司的 EX20/40 系列和 A-B 公司的 SLC500 等,都属于整体式 PLC。

(2) 模块式 PLC

模块式又称为积木式,大、中型 PLC 和部分小型 PLC 采用这种结构。模块式 PLC 用搭积木的方式组成系统,由框架和模块组成。模块插在模块插座上,模块插座焊在框架中的总线连接板上。PLC 厂家备有不同槽数的框架供用户选用,如果一个框架容纳不下所选用的模块,可以增设一个或数个扩展框架,各框架之间用 I/O 扩展电缆相连。有的 PLC 没有框架,各种模块安装在基板上。用户可以选用不用档次的 CPU 模块、品种繁多的 I/O 模块和特殊功能模块,对硬件配置的选择余地较大,维修时更换模块也很方便,但缺点是体积比较大。OMRON 公司的 C200H、C1000H、C2000H,A-B 公司的 PLC5 系列产品,MODICON 公司的 MODICON984 系列产品,西门子公司的 S5-100U、S5-115U、S7-300、S7-400 PLC 机,都属于模块式 PLC。图 4-16 为模块式 PLC 的示意图。

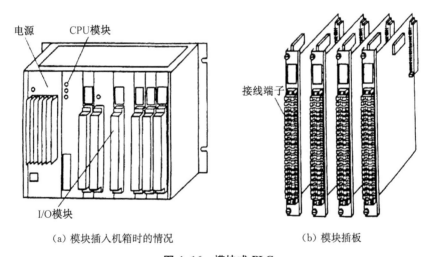

(a) 模块插入机箱时的情况　　　　　(b) 模块插板

图 4-16　模块式 PLC

(3) 叠装式 PLC

叠装式是箱体式和模块式结构相结合的产物,把某一系列 PLC 工作单元的外观尺寸做成一致,CPU、I/O 及电源也可做成独立的,不使用模块式 PLC 中的母板,采用电缆连接各个单元,在控制设备中安装时可以一层层地叠装,这就是叠装式 PLC。西门子公司的 S7-200 型号 PLC 属于叠装式 PLC,如图 4-17 所示。

整体式 PLC 一般用于规模较小,输入输出点数固定,以后也少有扩展的场合;模块式 PLC 一般用于规模较大,输入输出点数较多,输入输出点数比例比较灵活的场合;叠装式 PLC 具有前两者的优点,从近年来的市场情况看,整体式及模块式有结合为叠装式的趋势。

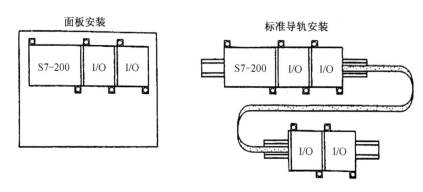

图 4-17　叠装式 PLC

2. 按应用规模和功能分类

为了适应不同工业生产过程的应用要求,不同型号 PLC 处理的输入输出信号数常常被设计成不同的。一般将一路信号叫作一个点,将输入点和输出点数的总和称为机器的点数。按照点数的多少,可将 PLC 分为小型、中型、大型三种类型,小型 PLC 的 I/O 点数在 256 点及以下,中型 PLC 的 I/O 点数在 256 到 2 048 点之间,大型 PLC 的 I/O 点数在 2 048 点以上。PLC 还可以按功能分为低档机、中档机及高档机。低档机以逻辑运算为主,具有计时、计数、移位等功能。中档机一般有整数及浮点运算、数制转换、PID 调节、中断控制及联网功能,可用于复杂的逻辑运算及闭环控制场合。高档机具有更强的数字处理能力,可进行矩阵运算、函数运算,可完成数据管理工作,有很强的通信能力,可以和其他计算机构成分布式生产过程综合控制管理系统。

PLC 按功能划分与按点数规模划分是有一定联系的。一般大型、超大型机都是高档机。机型和机器的结构形式与内部存储器的容量一般也有一定的联系,大型机一般都是模块式机,都有很大的内存容量。

四、PLC 的性能指标

PLC 的主要性能一般可以用以下 6 种指标表述。

1. 用户程序存储容量

用户程序存储容量是衡量 PLC 存储用户程序的一项指标,通常以字为单位。每 16 位相邻的二进制数为一个字,1 024 个字为 1 K 字。对于一般的逻辑操作指令,每条指令占 1 个字;定时、计数、移位指令每条占 2 个字;数据操作指令每条占 2～4 个字。有些 PLC 是以编程的步数来表示用户程序存储容量的,1 条指令包含若干步,1 步占用 1 个地址单元,1 个地址单元为 2 个字节。

2. I/O 总点数

I/O 总点数是 PLC 可接收输入信号和输出信号的数量。PLC 的输入和输出量有开关量和模拟量两种。对于开关量,其 I/O 总点数用最大 I/O 点数表示;对于模拟量,I/O 总点数用最大 I/O 通道数表示。

3. 扫描速度

扫描速度是指 PLC 扫描 1 K 字,用户程序所需的时间,通常以 ms/K 字为单位表示。

有些 PLC 也以 μs/步来表示扫描速度。

4. 指令种类

指令种类是衡量 PLC 软件功能强弱的重要指标,PLC 具有的指令种类越多,说明软件功能越强。

5. 内部寄存器的配置及容量

PLC 内部有许多寄存器用以存放变量状态、中间结果、定时计数等数据,其数量的多少、容量的大小,直接关系到用户编程时方便灵活与否。因此,内部寄存器的配置也是衡量 PLC 硬件功能的一个指标。

6. 特殊功能

PLC 除了基本功能外,还有很多特殊功能,例如自诊断功能、通信联网功能、监控功能、高速计数功能、远程 I/O 等特殊功能。不同档次和种类的 PLC,其具有的特殊功能相差很大,特殊功能越多,则 PLC 系统配置、软件开发就越灵活,越方便,适应性越强。因此,特殊功能的强弱,种类的多少是衡量 PLC 技术水平高低的一个重要指标。

第八节　PLC 的工作原理

一、PLC 的等效电路

1. PLC 控制系统的基本结构

传统的继电-接触器控制系统由继电器、接触器等电器元件用导线连接在一起组成,达到满足控制对象动作要求的目的。这样的控制系统称为接线逻辑控制系统。一旦控制任务发生变化(如生产工艺流程的变化),则必须改变相应接线才能实现改变,因而这种接线逻辑控制的灵活性、通用性较低,故障率高,维修也不方便。

PLC 就是一种存储程序控制器。存储程序控制是将控制逻辑以程序语言的形式存放在存储器中,通过执行存储器中的程序实现系统的控制要求。这样的控制系统称为存储程序控制系统。在存储程序控制系统中,控制程序的修改不需要改变控制器内部的接线(硬件),而只需通过编程器改变程序存储器中的某些程序语言的内容。PLC 输入设备和输出设备与继电-接触器控制系统相同,但它们直接连接到 PLC 的输入端子和输出端子(PLC 的输入接口和输出接口已经做好,接线简单、方便),PLC 控制系统的基本结构框图如图 4-18 所示。在 PLC 构成的控制系统中,实现一个控制任务,同样需要针对具体的控制对象,分析控制系统要求,确定所需的用户输入输出设备,然后运用相应的编程语言(如梯形图、语句表、控制系统流程图等)编制出相应的控制程序,利用编程器或其他设备(如 EPROM 写入器、与 PLC 相连的个人计算机等)写入 PLC 的程序存储器中。每条程序语句确定了系统工作的一个顺序,运行时 CPU 依次读取存储器中的程序语句,对它们的内容解释并加以执行;执行结果用以驱动输出设备,控制被控对象工作。可见,PLC 是通过软件实现控制的,能够适应不同控制任务的需要,通用性强,使用灵活,可靠性高。

输入部分的作用是将输入控制信号送入 PLC。常用的输入设备包括控制开关和传

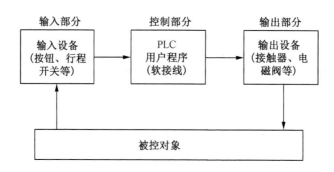

图 4-18 PLC 控制系统的基本结构框图

感器。控制开关可以是按钮开关、限位开关、行程开关、光电开关、继电器和接触器触点等。传感器包括各种数字式和模拟式传感器,如光栅位移式传感器、热电偶等。另外,输入设备还有触点状态编程器和通信接口以及其他计算机等。

输出部分的作用是将 PLC 的输出控制信号转换为能够驱动被控对象工作的信号。常用的输出设备包括电磁开关、直流电动机、功率步进电动机、交流电动机、电磁阀、电磁继电器、电磁离合器和加热器等。如需要也可接 CRT 显示器和打印机等。

内部控制电路采用大规模集成电路制作的微处理器和存储器,执行按照被控对象的实际要求编制并存入程序存储器中的程序,完成控制任务,产生控制信号输出,驱动输出设备工作。

2. PLC 的等效电路

PLC 的输入部分采集输入信号,输出部分就是系统的执行部分,这两部分与继电-接触器控制系统相同。PLC 内部控制电路是由编程实现的逻辑电路,用软件编程代替继电器的功能。对于使用者来说,在编制程序时,可把 PLC 看成是内部由许多"软继电器"组成的控制器,用近似继电器控制线路的编程语言进行编程。从功能上讲,可以把 PLC 的控制部分看作是由许多"软继电器"组成的等效电路。PLC 等效电路如图 4-19 所示。

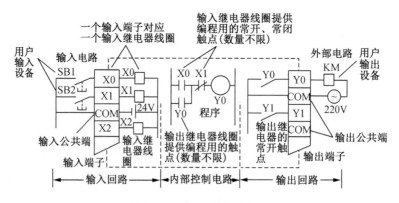

图 4-19 PLC 的等效电路

下面对 PLC 等效电路各组成部分分析如下。

(1)输入回路

输入回路由外部输入电路、PLC 输入接线端子(COM 是输入公共端)和输入继电器组成。外部输入信号经 PLC 输入接线端子驱动输入继电器。一个输入端子对应一个等效电路中的输入继电器,它可提供任意一个常开或常闭触点,供 PLC 内部控制电路编程使用。由于输入继电器反映输入信号的状态,如输入继电器接通表示传送给 PLC 一个接通的输入信号,因此习惯上经常将两者等价使用。输入回路的电源为 PLC 电源模块提供的直流电压。

(2) 内部控制电路

内部控制电路是由用户程序形成。它的作用是按照程序规定的逻辑关系,对输入信号和输出信号的状态进行运算、处理和判断,然后得到相应输出。用户程序常采用梯形图编写。

(3) 输出回路

输出回路由与内部电路隔离的输出继电器的外部常开触点、输出接线端子(COM 是输出公共端)和外部电路组成,用来驱动外部负载。

图 4-19 所示 PLC 的等效电路中内部控制电路即用户程序可以实现异步电动机的单向运行,即具有与前面所介绍的接触器自锁正转控制线路相同的功能。只是用 PLC 替代继电器控制系统电路图中的控制电路部分,而主电路基本保持不变。异步电动机的单向运行 PLC 控制方案分析示意图如图 4-20 所示,具体分析如下。

PLC 内部控制电路中有许多输出继电器。每个输出继电器除了为内部控制电路提供编程用的常开、常闭触点外,还为输出电路提供一个常开触点与输出接线端连接。驱动外部负载的电源由用户提供。

注意:PLC 等效电路中的继电器并不是实际的物理继电器(硬继电器),它实际是存储器中的每一位触发器。该触发器为"1"态,相当于继电器接通;该触发器为"0"态,相当于继电器断开。

启动过程如图 4-20(a)所示,停止过程如图 4-20(b)所示。

二、PLC 循环扫描过程工作方式

PLC 以执行用户程序来实现控制要求,在存储器中设置输入映像寄存器区和输出映像寄存器区(统称 I/O 映像区),分别存放执行程序之前的各输入状态和执行过程中各结果的状态。PLC 对用户程序的执行是以循环扫描方式进行的。PLC 这种运行程序的方式与微型计算机相比有较大的不同。微型计算机运行程序时,一旦执行到 END 指令,程序运行结束;而 PLC 从 0000 号存储地址所存放的第一条用户程序开始,在无中断或跳转的情况下,按存储地址号递增的方向顺序逐条执行用户程序,直到 END 指令结束,然后再从头开始执行,并周而复始地重复,直到停机或从运行(RUN)状态切换到停止(STOP)工作状态。PLC 每扫描完一次程序就构成一个扫描周期。

PLC 的扫描工作方式与传统的继电器控制系统也有明显的不同,继电器控制装置采用硬逻辑并行运行的方式,即在执行过程中,如果一个继电器的线圈通电,则该继电器的所有常开和常闭触点,无论处在控制线路的什么位置,都会立即动作,即常开触点闭合,常闭触点断开。PLC 采用循环扫描控制程序的工作方式(串行工作方式),即在 PLC 的工作过程中如果某一个软继电器的线圈接通,该线圈的所有常开和常闭触点,并不一定都会

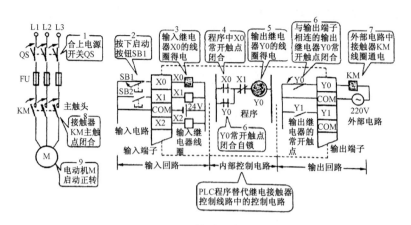

（a）启动控制示意图

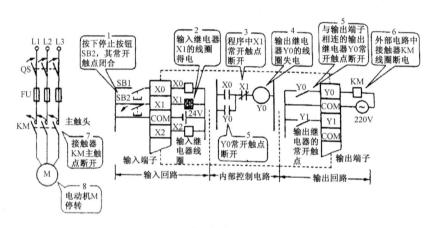

（b）停止控制示意图

图 4-20 异步电动机的单向运行 PLC 控制方案分析示意图

立即动作，只有 CPU 扫描到该触点时才会动作（常开触点闭合，常闭触点断开）。下面具体介绍 PLC 的扫描工作过程。

1. PLC 的两种工作状态

PLC 有两种的工作状态，即运行（RUN）状态与停止（STOP）状态。运行状态指执行应用程序状态。停止状态一般用于编制与修改程序。图 4-21 给出了运行和停止两种状态 PLC 不同的扫描过程，在两种不同的工作状态中，扫描过程所要完成的任务是不相同的。

PLC 在 RUN 状态时，执行一次图 4-21 所示的扫描操作所需的时间称为扫描周期，其典型值为 1~100 ms。指令执行所需的时间与用户程序的长短、指令的种类和 CPU 执行速度有很大关系，PLC 厂家一般给出每执行 1 K（1 K=1 024）条基本逻辑指令所需的时间（以 ms 为单位）。某些厂家在说明书中还给出了执行各种指令所需的时间。一般说来，一个扫描过程中执行指令的时间占了绝大部分。

2. PLC 的工作过程

PLC 通电后，在系统程序的监控下，周而复始地按一定的顺序对系统内部的各种任

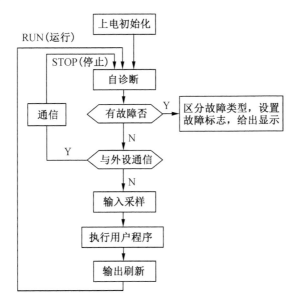

图 4-21 PLC 的工作过程

务进行查询、判断和执行,这个过程实质上是按顺序循环扫描的过程。

(1)初始化

PLC 上电后,首先进行系统初始化,清空内部继电器区,复位定时器等。

(2)CPU 自诊断

在每个扫描周期都要进入自诊断阶段,对电源、PLC 内部电路、用户程序的语法进行检查,定期复位监控定时器等,以确保系统可靠运行。

(3)通信信息处理

在每个通信信息处理扫描阶段,进行 PLC 之间、PLC 与计算机之间及 PLC 与其他带微处理器的智能装置的通信,在多处理器系统中,CPU 还要与数字处理器交换信息。

(4)PLC 与外部设备交换信息

PLC 与外部设备连接时,在每个扫描周期内要与外部设备交换信息。这些外部设备有编程器、终端设备、彩色图形显示器、打印机等。编程器是人机交互的设备,用户可以进行程序的编制、编辑、调试和监视等。用户把应用程序输入到 PLC 中,PLC 与编程器要进行信息交换。在线编程、在线修改、在线运行监控时,也要求 PLC 与编程器进行信息交换。在每个扫描周期内都要执行此项任务。

(5)执行用户程序

PLC 在运行状态下,每一个扫描周期都要执行用户程序。执行用户程序时,是以扫描的方式按顺序逐句扫描处理的,扫描一条执行一条,并把运算结果存入输出映像区对应位中。

(6)输入、输出信息处理

PLC 在运行状态下,每一个扫描周期都要进行输入、输出信息处理。以扫描的方式把外部输入信号的状态存入输入映像区,将运算处理后的结果存入输出映像区,直到传送到外部被控设备。

PLC周而复始地循环扫描,执行上述整个过程,直至停机。

3. 用户程序的循环扫描过程

PLC的工作过程,与CPU的操作方式有关。CPU有STOP方式和RUN方式两个操作方式。在扫描周期内,STOP方式和RUN方式的主要差别在于:RUN方式下执行用户程序,而在STOP方式下不执行用户程序。

PLC对用户程序进行循环扫描时,每个扫描周期可分为三个阶段:输入采样刷新阶段、用户程序执行阶段和输出刷新阶段,如图4-22所示。

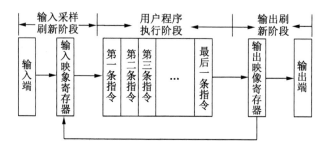

图4-22 PLC用户程序的工作过程

(1) 输入采样刷新阶段

PLC的CPU不能直接与外部接线端子连接。送到PLC输入端子上的输入信号,经电平转换、光电隔离、滤波处理等一系列电路进入缓冲器等待采样,没有CPU采样"允许",外部信号不能进入输入映像寄存器。

在输入采样阶段,PLC按顺序扫描输入端子,把所有外部输入电路的接通或者断开状态读入到输入映像寄存器,此时输入映像寄存器被刷新。在程序执行阶段和输出处理阶段中,输入映像寄存器与外界隔离,其内容保持不变,直至下一个扫描周期的输入采样阶段,才被重新读入的输入信号刷新。可见,PLC在执行程序和处理数据时,不直接使用现场当时的输入信号,而使用本次采样时输入映像寄存器中的数据。

(2) 用户程序执行阶段

用户程序由若干条指令组成,指令在存储器中按照序号顺序排列。PLC在程序执行阶段,在无中断和无跳转指令的情况下,根据梯形图程序从首地址开始按自上而下、从左至右的顺序逐条扫描执行。即按语句表的顺序从000号地址开始逐条扫描执行,并分别从输入映像寄存器、输出映像寄存器以及辅助继电器中将有关编程元件"0"或者"1"状态读出来,并根据指令的要求执行相应的逻辑运算,运算的结果写入对应的元件映像寄存器中保存,输出继电器的状态写入对应的输出映像寄存器中保存。因此,每个编程元件的映像寄存器(输入映像寄存器除外)的内容随着程序的执行而变化。

当所有指令执行完毕后,进入输出刷新阶段,CPU将输出映像寄存器中的内容集中转存到输出锁存器,然后传送到各相应的输出端子,最后再驱动实际输出负载,这才是PLC的实际输出,这是一种集中输出的方式。输出设备状态要保持一个扫描周期。

用户程序执行过程中,集中采样与集中输出的工作方式是PLC的一个特点,在采样期间,将所有的输入信号(不管该信号当时是否要用)一起读入,此后在整个程序处理过程中 PLC 系统与外界隔开,直至输出控制信号。外界信号状态的变化要到下一个工作周期再与外界交涉。这样从根本上提高了系统的抗干扰能力,提高了工作的可靠性。

三、扫描周期和输入、输出滞后时间

1. 扫描周期

PLC 在 RUN 工作模式时,执行一次扫描操作所需时间称为扫描周期,其典型值为 1~100 ms。扫描周期与用户程序的长短、指令的种类和 CPU 执行指令的速度有很大的关系。当用户程序较长时,指令执行时间在扫描周期中占相当大比例。

2. 输入、输出滞后时间

输入、输出滞后时间又称系统响应时间,是指 PLC 的外部输入信号发生变化的时刻至它控制的有关外部输出信号发生变化的时刻之间的时间间隔,它由输入电路滤波时间、输出电路的滞后时间和因扫描工作方式产生的滞后时间这三部分组成。

输入模块的 RC 滤波电路用来滤除由输入端引入的干扰噪声,消除因外接输入触点动作产生的抖动引起的不良影响,滤波电路的时间常数决定了输入滤波时间的长短,其典型值为 10 ms 左右。

输出模块的滞后时间与模块的类型有关,继电器型输出电路的滞后时间一般在 10 ms 左右;双向晶闸管型输出电路在负载通电时的滞后时间约为 1 ms,负载由通电到断电时的最大滞后时间为 10 ms;晶体管型输出电路的滞后时间一般在 1 ms 以下。

由扫描工作方式引起的滞后时间最长可达两个多扫描周期。PLC 总的响应延迟时间一般只有数十毫秒,对于一般的控制系统是无关紧要的。但也有少数系统对响应时间有特别的要求,这时就需选择扫描时间短的 PLC,或采取使输出与扫描周期脱离的控制方式。

如图 4-23 所示,X0 是输入继电器,用来接收外部输入信号。波形图中最上一行是 X0 对应的经滤波后的外部输入信号的波形。Y0、Y1、Y2 是输出继电器,用来将输出信号传送给外部负载。X0 和 Y0、Y1、Y2 的波形表示对应的输入、输出映像寄存器的状态,高电平表示"1"状态,低电平表示"0"状态。

如图 4-23(a)所示,输入信号在第一个扫描周期的输入采样阶段之后才出现,故在第一个扫描周期内各映像寄存器均为"0"状态,使 Y0、Y1、Y2 输出端的状态为 OFF("0")状态。

如图 4-23(b)所示,在第二个扫描周期的输入采样阶段,输入继电器 X0 的状态为 ON("1")状态,在程序执行阶段,由梯形图可知,Y1、Y2 依次接通,它们的映像寄存器都变为"1"状态。

如图 4-23(c)所示,在第三个扫描周期的程序执行阶段,由于 Y1 的接通使 Y0 接通。Y0 的输出映像寄存器变为"1"状态。在输出处理阶段,Y0 对应的外部负载被接通。可见从外部输入触点接通到 Y0 驱动的负载接通,响应延迟达两个多扫描周期。

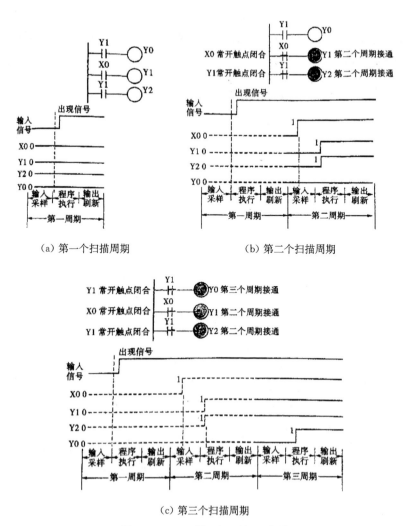

（a）第一个扫描周期   （b）第二个扫描周期

（c）第三个扫描周期

图 4-23　PLC 的 I/O 延迟示意图

若交换梯形图中第一行和第二行的位置，Y0 的延迟时间减少一个扫描周期，可见这种延迟时间可以使用程序优化的方法来减小。

第九节　PLC 网络通信

一、OMRON PLC 通信系统综述

目前，OMRON PLC 为通信提供了庞大的技术支持，除了前述的远程 I/O 扩展技术和串行通信方式外，产品多采用模块化、单元化设计，可以根据需要灵活组建不同功能的系统，总体上分为链接系统和网络系统。

（一）链接系统

OMRON PLC 提供了链接系统来实现通信,即 SYSMAC Link 系统。该系统由上位链接系统(Host Link 系统)、同位链接系统(PC Link 系统)和 I/O Link 系统三级组成。

（1）HOST Link 系统是 OMRON 较早推出且使用较多的一种。上位机使用 HOST 通信协议与各台 PLC 通信,可以对网络中的各台 PLC 进行管理和监控,适用于集中管理、分散控制的工业自动化网络。

（2）PC Link 系统的主要功能是为各台 PLC 建立数据链接(容量较小),实现信息共享,适用于控制范围较大,需要多台 PLC 参与控制且控制环节相互关联的场合。

（3）在远程 I/O 系统中,通过连接一个 I/O Link 单元到光纤远程 I/O 主单元来建立 I/O 链路,为大规模分布式控制系统设计 I/O Link 链路,并在多个 PLC 之间实现光纤数据交换。

（二）网络系统

PLC 网络的拓扑结构多为总线型,所有节点连接到一条公共的通信线上,使网络中的任何节点都可以灵活地接收和发送信息。

1. 三层网络结构

OMRON PLC 网络类型较多,功能齐全,可以适用于各种层次工业自动化网络的不同需要。网络从高到低可分为 3 层:信息层、控制层、器件层,如图 4-24 所示。由这三层网络组成的系统可实现信息系统与控制系统之间的无缝连接。

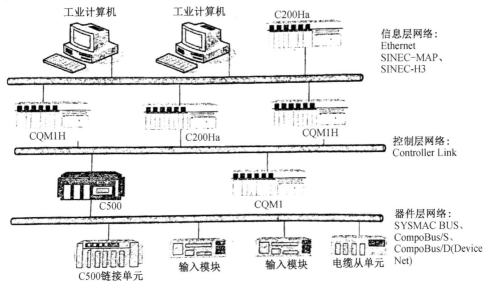

图 4-24　OMRON 三层网络系统

（1）信息层

第一层为信息层,包括工业 Ethernet 和 SYSNET 等网络,主要负责信息的采集和实时监控,对现场的 PLC、检测元件和执行机构实行中央集中控制,最新的工业以太网技术在商用以太网的基础上增加了工业级的实时性,已成为最通用最高速的一种信息网络。

（2）控制层

第二层为控制层,以 Controller Link 为代表,控制层网络的特点是高速、高可靠性,适合 PLC 与 PLC、PLC 与其他设备之间大量数据的高速通信。

（3）设备层

最底层网络为设备层,也称器件层,该层习惯上被称为现场总线。它们有 SYSBUS、SYSBUS/2、CompoBus/D(Device Net)、Compobus/S、ProfiBus-DP、Modbus 等。这一层用于 PLC 与现场设备、远程 I/O 端子及现场仪表或智能设备之间通信,设备层网络与现场设备连接方便,起到省配线的作用,并且成本低廉。

2. 各种网络简要介绍

（1）Ethernet 网(以太网)

Ethernet 网属于大型网,它的信息处理功能很强,是 OMRON 的信息管理高层网络。以太网支持 FINS 协议,使用 FINS 命令可以进行 FINS 通信、TCP/IP 和 UDP/IP 的 Socket(接驳)服务、FTP 服务。通过以太网,OMRON 的 PLC 可以与国际互联网连接,实现最为广泛的节点信息的直接交换。

（2）SYSMAC NET 网

SYSMAC NET 网属于大型网,是光纤环网。它使用 C 模式或 CV 模式(FINS)指令进行信息通信,主要功能有大容量数据链接和节点间信息通信,用于地理范围广、控制区域大的场合,是一种大型集散控制的工业自动化网络。

（3）Controller Link 网(控制器网)

Controller Link 网是 SYSMAC Link 网的简化,相比而言,规模要小一些,但实现简单。使用 FINS 指令进行信息通信,其功能与 SYSMAC Link 网大致相同。

（4）CompoBus/D 网

CompoBus/D 网是一种开放、多主控的器件网。开放性是其特色,它采用了美国 Allen & Bradley 公司制定的 Device Net 通信规约,其他厂家的 PLC 等控制设备,只要符合 Device Net 标准,就可以接入其中。该网处在 OMRON 三级网络的最底层,直接连接到从站、模拟量单元、模拟量 I/O 终端、远程 I/O 终端和 I/O 链接单元等现场设备,并可将 FINS 信息发送到上层网络。

（5）CompoBus/S 网

CompoBus/S 网也是器件网,是一种高速 ON/OFF 系统控制总线,使用 CompoBus/S 专用通信协议。

CompoBus/S 的功能不及 CompoBus/D,但它实现简单,通信速度更快。主要功能是远程开关量的 I/O 控制。

3. 网络连接

（1）网内连接

在组建网络时,根据网络类型的不同,网络内的所有节点均需安装相应的网络通信单元,如:Ethernet 网的"CJ1W-ENT11"单元、Controller Link 网的"CJ1W-CLK21"单元、Device Net 网的"CJ1W-DRM21"单元和 CompoBus/S 网的"CompoBus/S"单元。

(2) 网络间的互联

OMRON 网络系统使用网桥连接同种类型的网络,使用网关连接不同类型的网络。如 CV、CS 系列 PLC 可构成网桥或网关连接同类或异类网络,但 a 系列机则既不能作网桥也不能作网关。各级网络互联后,可以实现网内及跨网的信息通信。网络间的通信范围限制在包括本地网在内的三级网络之内,如图 4-25 所示,其中网络 2 和网络 3 则可与网络中的任何站点通信,由于网络 4 到网络 1 已有四级,所以二者之间不能通信。

OMRON PLC 的三级网络是相互独立的,根据控制系统的具体情况,既可以组成包括三级网在内的大型网络系统,也可以只采用其中的一个或两个网络,组成中小型控制网络。在本节的后续内容中,将逐一介绍 Ethernet、Controller Link 和 CompoBus/D (Device Net),它们分别代表了 OMRON 上述三层网络产品的最新技术,然后列举几个具体的 OMRON PLC 网络工程实例。

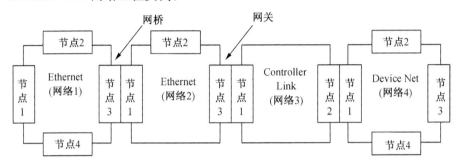

图 4-25　网络连接

二、典型 PLC 网络

(一) Ethernet 网络系统

1. Ethernet 网构成

Ethernet 网(即以太网,下文均用此称)是 PLC 的高层网络,有很强的信息处理、管理和监控功能,20 世纪 70 年代出现并很快应用于工业控制。其通常由段(Segment)构成,支持 TCP/IP、UDP/IP 和 FINS 协议,采用 UTP 双绞线和 RJ-245 接头连接,通过中继器可适当延长段距离或增加网络节点。网络中的计算机用于对 PLC 的编程及监控,实现控制与管理一体化。PLC 之间或 PLC 与上位计算机之间可采用 FINS 协议传输数据,并能实时接收现场发送的电子邮件。以太网的基本结构如图 4-26 所示。

以太网连接接收器和 PLC 之间的接收电缆不能超过 50 m,HUB 下接的 PLC 之间的电缆不能超过 100 m,总线间两相邻节点间介质长度应为 2 500 m 的整数倍。以太网的介质访问采用 CAMA/CD 方式,属基带传输,最大传输率为 10 Mb/s,节点采用 15 针以太网连接器接入网络。

可作为节点组建以太网的 OMRON PLC 有 CS 系列、CJ 系列、CV 系列、CVM1 和 SYSMAC a 系列机。它们要连入以太网,必须通过与各自机型对应的以太网单元(见表 4-4),而 SYSMAC a 系列比较特殊,这种机型要安装插上以太网卡的 PLC 卡单元

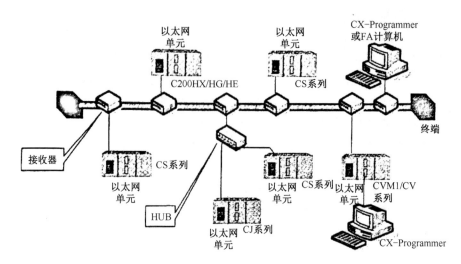

图 4-26　以太网基本结构

C200HW-PCU01,还要在 CPU 单元上插上通信板单元 C200HW-COM01/04-E,最后将两个单元用总线连接单元 C200HW-CE01/02 连接。

表 4-4　不同机型对应的以太网单元

机型	以太网单元
CS 系列	CS1W-ETN01(10BAST-5)或 CS1W-ETN11(10BAST-T)
CJ 系列	CJ1W-ETN1(10BAST-T)
CV 系列	CV500-ETN01

2. 以太网的设置

以太网的设置(以 CS 系列机为例)分为硬件设置和软件设置。

以太网节点的设置过程如下。

(1) 首先在以太网单元上设置,开关均以十六进制表示,如图 4-27 所示。

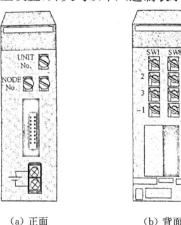

（a）正面　　　（b）背面

SW1 01H	SW2 04H		SW3 01H	SW4 04H		SW5 02H	SW6 04H		SW7 00H	SW8 08H

(c)

图 4-27　CS 系列以太网单元正面、背面板图

①ETN 单元的单元号：由 UNIT No. 开关确定，范围由 0 到 F，该地址在 CPU 总线区，范围为 CIO 1500 到 CIO 1899，每个单元分配 25 个字，出厂值为 0。

②ETN 单元的节点号：由 NODE No. 确定旋转开关对应的两组十六进制数字地址，范围为 01 到 7E，出厂值为 01。

③本地 IP 地址：由旋转开关 SW1 至 SW8 设置，该地址用来识别以太网号和该网络上的主机节点号，由 32 位二进制数组成，分 4 段以十进制数表示。

要注意的是，起始 IP 地址不可为 7FH；后八位为主机号，不能全为 0 或 1。当节点较多时，引入子网号不能全设为 1。

（2）软件设置主要通过编程设备如 CX-Programmer 软件对网络单元进行以下设置。

①I/O 表：可以利用编程器创建，依次按 FUN、SHIFT、CHG 键，此时提示键入四位口令，如键入 9912、WRITE，此时又提示是否保留设置，键入 0 删除，键入 1 保留。

②创建 IP 路由器表：包括本地网络表和中继网络表。

3. FINS 通信协议

FINS（Factory Interface Network Service）是 OMRON 公司专有的，是 OMRON 三层网络间的通信协议。

FINS 指令包含指令系统和响应系统，其命令帧由 FINS 报头、指令代码、响应代码和正文等几部分组成。FINS 信息由发布指令 CMND(490)、SEND/RECV 等发送或接收，只要单元或通信板支持 FINS 命令，PLC 无须编程便可自动响应。

由于以太网通信用 IP 地址，而 FINS 协议只能识别节点号，因此要进行转换。常用的转换方法有以下两种。

（1）地址自动转换生成法

远程 IP 地址＝（本地 IP 地址 AND 子网掩码）OR 远程 FINS 节点号

（2）IP 地址表转换法

用 CX-Programmer 预先设置 FINS 节点号和 IP 地址的对应关系。

另外，也可将两种方法结合，先启用 IP 地址表转换法，若找不到 FINS 地址，则改为自动生成。

接下来介绍几个用于 FINS 信息传递的指令。CMND(490) 用于发送并接收信息，SEND(90) 是将 I/O 数据从本地节点发送到指定节点，这 2 条命令都支持 1：N 传输。网络命令中包含所要传送和接收信息的存储区地址、网络地址、节点地址和单元地址等信息，这些信息以一组 4 位十六进制数据的形式表示，通过 MOV 指令发送到 PLC CPU 中，按预先的约定实现定时或不定时的信息交换。每个 PLC 有 8 个通信端口，可以同时执行 8 条通信指令。但由于每个通信端口一次只能执行一条通信指令，因此每个 PLC 一次最多只能同时发送或接收 8 条信息。上位计算机根据读取到的通信端口允许标志 A202、通信完成标志 A214、通信端口完成标志 A203 和通信端口错误标志 A219 等标志字来监控网络的通信状态。网络指令支持 PLC 的 CIO、W、H、A、T、C 和 DM 区域的数据存取。网络命令在执行时只支持 ON 条件及上升沿微分,不支持下降沿微分和立即刷新功能。

①传送命令 CMND(490)

命令格式:[CMND(490)S D C]

S:源节点发送开始字;

D:目标节点接收开始字;

C:控制数据开始字,包括 6 组 4 位数字;

C+O:命令数据字节;

C+1:应答数据字节;

C+2:目标网络地址;

C+3:目标单元地址;

C+4:重复次数及通信端口号;

C+5:响应监视时间;

②网络发送 SEND(090)

命令格式:[SEND(090)S D C]

S:本地节点开始字;

D:目标节点开始字;

C:控制数据开始字,包括 5 组 4 位数字;

C+0:传送字数;

C+1:目标网络地址;

C+2:目标单元地址、节点号;

C+3:重复次数及通信端口号;

C+4:响应监视时间。

4. Socket 服务

Socket 服务也称接驳服务,Socket 作为一种接口,支持 TCP/UDP 协议。实现 Socket 服务一般有两种方法,一是使用 Socket 请求开关,二是利用 FINS 通信的 CMND 命令。

使用 Socket 请求开关时,可连接 8 个 TCP/UDP Socket。每个以太网单元的 DM 区从 $m+18$ 开始到 $m+97$ 为 Socket 服务参数 1 区到 8 区,每区 10 个字,可设置发送/接收数据地址、TCP/UDP 的 Socket 服务及端口号等。而 CIO 区的 $n+2$ 到 $n+19$ 是服务请求开关。在每个 $n+1$ 单元里存放了 Socket 状态字,用于打开 UDP 时检测系统关于 Socket 服务的状态。

利用 FINS 通信的 CMND 命令也可实现 Socket 服务,即在执行 CMND 指令时,Socket 服务请求指令也可传送到以太网上,且最多可连接 16 个 Socket。

（二）Controller Link 网络系统

Controller Link 网是 OMRON 提供的一种工厂自动化网络（FA），属于控制层网络，由它构成 PLC 与上位机的通信连接系统。它与 PC Link 的区别在于，它不但支持 PLC 与 PLC 之间的通信，还支持网络信息通信功能，如用信息服务进行数据传送；支持 FINS 指令，在上位计算机运行 CX-Programmer 软件经 RS-232C 连接到 Controller Link 网，可实现 PLC 与 PLC、PLC 与元器件网之间的编程、监控和传送 FINS 信息。它还支持 SEND(90)、RECV(98)指令。

1. Controller Link 网络组成

通过该网络可在 PLC 和上位计算机之间方便、灵活地发送和接收大容量数据包，其支持能共享数据的数据链接和在需要时发送和接收数据的信息服务。某该类型网络采用屏蔽双绞线电缆或光纤连接时，最大传输距离随波特率而变，在采用两层中继器的情况下，波特率在 500 kbit/s 时，传输距离可达 3 000 m，最大支持 62 个节点；用光缆连接时，可连接 20 km 外的远程设备。Controller Link 是 OMRON 网络系统的核心，它是一种使用令牌总线通信的网络，这种总线型拓扑结构具有最大的灵活性，易于扩充和维护，满足系统扩展性的需求。由于采用了分布式控制技术，可确保 Controller Link 网络不会因某个站点故障而崩溃，提高了系统的稳定性。

图 4-28 给出了用扁平电缆连接的 Controller Link 网络结构，网络主要由各类 PLC、对应于不同 PLC 的 Controller Link 单元（CLK）、带 Controller Link 支持卡的计算机组成。

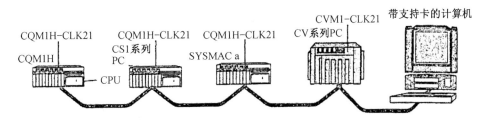

图 4-28　Controller Link 网络结构

Controller Link 单元使用前要进行一系列设置，主要包括单元号和节点地址、波特率和操作级别、终端电阻和网络路由表。不同的 CLK 单元具体设置有所区别，可参考使用说明书，这里不再详述。

2. Controller Link 网的信息通信

在 Controller Link 网络中，同样可以使用 OMRON 自行开发的 FINS 协议，而无须建立复杂的用户程序。PLC 之间、PLC 和上位机之间信息通信的实现方式为命令/响应格式，即本地节点发出命令后，接收节点要返回响应结果。PLC 执行 SEND/RECV 指令不需要接收响应程序，Controller Link 网中 CV 系列机、CS 系列机、C200Ha 机之间便可利用该指令发送信息。需要注意的是，C200HZ/HX/HG/HE PLC 不支持 FINS 指令 CMND，可以通过 CLK 单元自动转换命令格式，使这几种机型可处理这类信息。

SEND/RECV 指令用于读写 I/O 存储区的内容。

CMND 指令用于执行断续读取内存写入 PLC 时钟,读/写文件存储器,读取 PLC 型号、状态及其他信息,改变 PLC 运行方式等操作。前面已叙述该指令,这里以 CV 系列机为例,对其进一步阐述。如图 4-29 所示,CMND 指令发送的 FINS 信息均为十六进制数据。FINS 命令代码由两个字节的数据组成,一个 FINS 命令必须以两个字节命令代码开头,其他参数放在命令代码的后面。

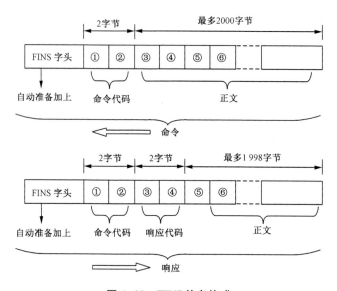

图 4-29　FINS 信息构成

3. CompoBus/D 网络系统

CompoBus/D 网是 OMRON 公司的一种开放式的网络,它遵循 Device Net(器件网)开放现场网络标准,非 OMRON 公司的生产设备,如主单元和从单元,也可以连接到该网络上。CompoBus/D 是 OMRON 主推的网络之一,它的内容丰富,功能很强。随着各种新器件或单元的不断推出,CompoBus/D 的功能越来越强。

CompoBus/D 支持下列两种类型的通信。

(1)远程 I/O 通信:即无须 CPU 编写特别的程序,装有主单元 PLC 的 CPU 可以直接读写从单元的 I/O 点,从而实现远程控制。

(2)信息通信:安装主单元 PLC 的 CPU 单元执行特殊指令 SEND、RECV、CMND、IOWR,从其他主单元、安装主单元 PLC 的 CPU 单元、从单元,甚至其他公司的主单元、从单元读写信息,控制它们的运行。

CompoBus/D 网的系统配置分为两种。

(1)带配置器的系统

如图 4-30 所示的配置器是运行于个人计算机上的应用软件,而计算机为 Compo-Bus/D 网络上的一个节点。含有配置器的 CompoBus/D 系统能对远程 I/O 区域字进行柔性分配,且一台 PLC 可安装多个主单元,一个网络上也可有多个主单元并存,并能对通信参数进行设定。

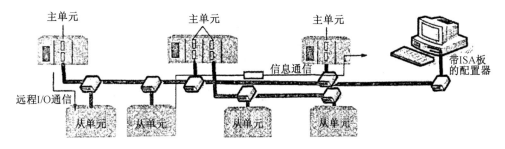

图 4-30　带配置器的系统配置

（2）不带配置器的系统

当 CompoBus/D 网络只有一个主单元时，可以不带配置器，如图 4-31 所示。

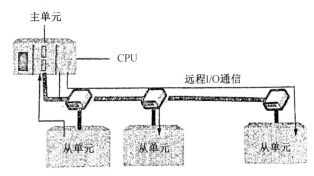

图 4-31　不带配置器的系统配置

其中主单元支持 CV 系列、C200HZ/HX/HG/HE/HS 系列 PLC 之间，PLC 和远程 I/O 之间的通信。

从单元可以有以下选择。

①普通 I/O 终端：可为 8 点和 16 点两种模块，也可为晶体管输入、输出。

②传感器终端：接收来自带插头的光电开关和接近开关的信号，有 16 点输入和 8 点输入/8 点输出两种模块，输出信号能用于传感器教学和外部诊断。

③适配器：用于将 GID 和其他 I/O 端子组合在一起进行继电器输出、电力 MOSFET 输出等，为 16 点输入、16 点输出。

④模拟量 I/O 终端：用于将模拟数据转为数字量，模拟输入端子在 2 路和 4 路之间选择（用 DIP 开关），输出为 2 路输出。输入、输出均有 1～5 V、0～10 V、−10～10 V、0～20 mA 和 4～20 mA 五种类型。

⑤I/O Link 单元。

⑥温度输入终端：提供 TC（热电偶）或 RTD（热电阻）输入。

CompoBus/D 系统的连接如图 4-32 所示。

两端连接有终端电阻的电缆为干线，但干线长度不一定是网络的最大长度，两个最远节点之间的距离和两个终端电阻之间距离的较大者为网络长度，如图 4-32 所示。从干线分出的支线电缆称为支线。每一个节点通过 T 分支或 M 分支方式连接到 CompoBus/D 网络中，从一条分支线可以再产生第二条分支。通信采用 5 芯电缆，电缆有粗缆和细缆。

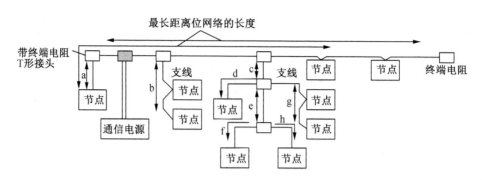

图 4-32　CompoBus/D 系统的连接图

支线长度不超过 6 m,网络最大长度和支线总长度受电缆类型(粗或细)及通信波特率限制,见表 4-5。使用粗电缆,网络最大长度可达 500 m,总的支线长度可达 156 m。在图 4-32 中使用粗电缆,且通信波特率为 125 kbps 时,应满足下列条件:①总的网络长度:≤500 m;②支线:a≤6 m,c+d≤6 m,c+g≤6 m,c+e+f≤6 m,c+e+h≤6 m;③a+b+c+d+e+f+g+h≤156 m。

　　在 CompoBus/D 网络中,必须通过 5 芯电缆供给每一个节点通信电源,通信电源不应该作为内部回路电源或 I/O 电源。

　　表 4-5 列出了 CompoBus/D 通信系统的主要技术指标。

　　图 4-33 为装有 CQM1-DRT21 的 CQM1 PLC I/O 字的分配,字的分配从 PLC 左侧开始,输入从 IR001 开始,输出从 IR100 开始。

表 4-5　CompoBus/D 通信系统的主要技术指标

项　目		规　格
通信协议		Device Net
支持的连接 （通信）		主—从:远程 I/O 和 Explicit 信息;点对点;FINS 信息。 以上两种都遵守 Device Net 规格
连接形式		M 多分支和 T 形分支组合连接(干线或支线)
通信波特率		500 kbps、250 kbps 或 125 kbps(可选择)
通信介质		专用 5 芯电缆(2 根信号线,2 根电源线,1 根屏蔽线)
通信距离	500 kbps	网络长度:最大 100 m;支线长度:最大 6 m;总支线长度:最大 39 m
	250 kbps	网络长度:粗线 250 m,细线 100 m;支线长度:最大 6 m;总支线长度:最大 78 m
	125 kbps	网络长度:粗线 500 m,细线 100 m;支线长度:最大 6 m;总支线长度:最大 156 m
通信电源		24 VDC,外部供给
最大节点数		64 节点(包括配置器在内)
最大主单元数		没有配置器:1　带配置器:63
最大从单元数		63 个从单元
出错控制		CRC 出错检查

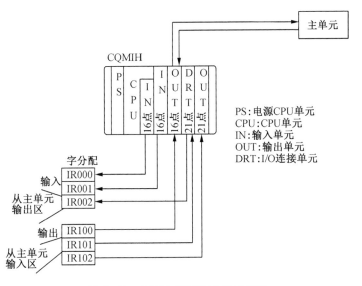

PS:电源CPU单元
CPU:CPU单元
IN:输入单元
OUT:输出单元
DRT:I/O连接单元

图4-33　CQM1 PLC I/O字的分配

第十节　视频系统在泵站的应用

　　泵站远程网络视频监控系统是监视泵站各设备的运行状态,及时发现各种危险状况的视频监控系统。泵站远程网络视频监控系统主要由监控中心、通信线路、采集前端几部分组成。它的系统总体功能包括系统设置、录像功能、用户设置、电视墙显示以及浏览与控制等方面。泵站环境因素比较复杂,在设备的选配和传输方面都要充分考虑泵站的环境特点,从而保证整个系统的效果。

　　1. 前端采集设备

　　监控前端设备通常放置在监控现场或邻近现场的设备间,负责完成图像的采集、编码、传输以及云台控制等工作,监控前端担负着视频监控系统的数据采集和控制命令的执行部分,是整个系统重要的组成部分之一,主要选用网络摄像机和特殊模拟摄像机。网络摄像机主要包括网络摄像枪、网络高速球形机及网络视频服务器;特殊模拟摄像机主要包括低速度摄像机、低速度球形机及高速球形机。网络摄像机在使用上要受到本身镜头与机身功能的限制,而网络视频服务器能弥补网络摄像机的这些缺点,从某种角度上说,网络视频服务器可以看作是不带镜头的网络摄像机。它的功能就是把模拟视频信号数字化,然后以数字信号模式直接传输,将数字影像资料在网络上加以传输,从而成功将模拟摄像机转化成网络摄像机,使用户无论在任何地方、任意联网的计算机上,通过网络浏览器即可实时地观测影像资料。对于新建系统,监控点的光线比较充足且无特殊要求的情况下可优先采用网络摄像机,在光线较暗,且又无需配备相关照明的监控点,采用低速度摄像机。对于户外摄像点,护罩要配置雨刮及散热装置,在寒冷地区,还要添加加热装置。在监视范围较广时,采用广角镜头,在需要快速观察大范围目标时,采用高速球形摄像机。对于改造系统,可将模拟摄像机接入网络视频服务器,从而实现从模拟监控系统到数字监控系统的转化。

2. 通信传输设备

通常的信号传输部分是由同轴电缆、通信电缆及电源电缆等线缆构成,但泵站视频监控系统需要注意以下几点。一是泵站视频监控系统的大部分线缆需要敷设在电缆沟或是电缆桥架中,与泵站其他强电电缆、控制通信电缆同时接入监控中心,故视频信号传输容易受到大电流强磁场的干扰,即在这种环境下图像会出现严重干扰条纹。二是高扬程泵站一般为梯级结构,在视频监控系统中一般是将调度中心与监控中心合二为一,在各级泵站安装前端视频采集部分,并设置一个现场监控点对本电站进行监控,这样视频采集点的分布就会很广,有时视频采集点的单点距离可达到 $10 \sim 20$ km。同轴电缆有时会使图像出现严重干扰条纹,即使是采用屏蔽质量好的同轴电缆也难以彻底消除干扰,在这种情况下需采用非屏蔽双绞线进行传输。由于非屏蔽双绞线是平衡传输方式,能完全抵消交变磁场的共模干扰,从而保证视频图像信号的传输质量。而光纤由于是采用光信号进行传输,不受强电强磁的干扰。因此系统采用光纤和非屏蔽双绞线两种介质构成信号传输部分。在 1 200 m 以内可采用双绞线进行传输,超过 1 200 m 则采用光纤传输,当采用多模光缆时,传输距离可达 5 km,当采用单模光缆时,无中继传输距离可达 80 km。

3. 中心控制设备

矩阵控制主机是通过内置软件访问需监控的多路前端视频信号,并显示在电脑屏幕上,也可经视频转换器显示到电视墙上。

4. 系统主要特点

采用远程网络视频监控系统具有以下的特点。一是先进性。采用 MPEG-4 压缩算法的设备,利用数字图像编码压缩去除图像的相关性,并利用人眼的视觉特性,使压缩后数据量大大减少,同时尽量保持图像的视觉效果。由于采用 MPEG-4 压缩技术的网络型产品采集文件占用空间小,传输带宽小,可使用带宽较低的网络,如:ADSL 等,大大节省了网络费用,MPEG-4 的最高分辨率可达 720×576,接近 DVD 画面效果,因此对运动物体可保证良好的清晰度。二是灵活性。支持基于 Web 方式的网络浏览功能,可灵活进行系统软件升级,避免对系统产生大的影响。只需通过以太网即可直接实现远程监控,可多人同时监控多个点,无距离限制及时传输图像信息。可根据当前的应用环境,自行设定显示画面的大小、解析度、压缩比等各项图像参数。三是保密性。独有的 IP 地址,可设置不同等级的使用权限。如需使用,使用者必须通过权限及口令的设定,方可获得使用权,不同权限的使用者可获得的监控信息也不一样。四是稳定性。系统的主要设备网络摄像机及网络视频服务器均为嵌入式系统,在嵌入式实时操作系统基础上构建 Web 服务器,同时通过内置的高效压缩芯片对采集到的模拟视频信号进行数字化压缩,并打包成帧,通过内部总线传送到 Web 服务器上,其稳定性大大高于 DVR 及同类的 CCTV 设备。五是完善性。可实现联动报警,包括周边防护、数据采集、灯光控制等,可根据需要设定,在警报触发前后进行联动录像,便于事后检索查看。六是扩展性。灵活的组网方式,方便监控点数量的增加。七是低成本。通过以太网可直接将网络摄像机接入系统,已有系统改造时,模拟摄像机通过网络视频服务器也可直接接入系统,实现了即插即用功能,无距离限制,免去了复杂的网络配置和布线工作,大大减少了工程及安装成本,特别适用于应对突发性事件。

参考文献

［1］李端明.泵站运行工[M].郑州:黄河水利出版社,2014.

［2］吕伟文,王育仁,林远艳.机械设计基础[M].长春:东北师范大学出版社,2012.

［3］杨家军,张卫国.机械设计基础[M].武汉:华中科技大学出版社,2014.

［4］郑兰霞,连萌.机械设计基础[M].北京:中国水利水电出版社,2013.

［5］唐保宁,高学满.机械设计与制造简明手册[M].上海:同济大学出版社,1993.

［6］李柱国.机械设计与理论[M].北京:科学出版社,2003.

［7］张策.机械原理与机械设计[M].2版.北京:机械工业出版社,2011.

［8］卜炎.实用轴承技术手册[M].北京:机械工业出版社,2004.

［9］刘泽九.滚动轴承应用手册[M].3版.北京:机械工业出版社,2014.

［10］李洪,曲中谦.实用轴承手册[M].沈阳:辽宁科学技术出版社,2001.

［11］张景河.现代润滑油与燃料添加剂[M].北京:中国石化出版社,1991.

［12］黄文轩,韩长宁.润滑油与燃料添加剂手册[M].北京:中国石化出版社,1994.

［13］董浚修.润滑原理及润滑油[M].2版.北京:中国石化出版社,1998.

［14］谢泉,顾军慧.润滑油品研究与应用指南[M].2版.北京:中国石化出版社,2007.

［15］刘森.机械加工常用测量技术手册[M].北京:金盾出版社,2013.

［16］罗晓晔,王慧珍,朱红建.机械检测技术[M].杭州:浙江大学出版社,2012.

［17］杨文瑜.机械零件测绘[M].北京:中国电力出版社,2008.

［18］徐英南.机械检验工手册[M].北京:中国劳动出版社,1992.

［19］赵贤民.机械测量技术[M].北京:机械工业出版社,2011.

［20］顾蓓.测量技术典型案例实训教程[M].合肥:合肥工业大学出版社,2016.

［21］张玉华.电工基础[M].北京:化学工业出版社,2005.

［22］周绍敏.电工基础[M].3版.北京:高等教育出版社,2000.

［23］金贵仁.电工基础[M].北京:北京大学出版社,2005.

［24］赖旭芝.电工基础实用教程(机电类)[M].长沙:中南大学出版社,2003.

［25］常玲,郭莉莉,马丽娜.电工技术基础[M].北京:清华大学出版社,2014.

［26］周德仁,孔晓华.电工技术基础与技能(电类专业通用)[M].北京:电子工业出版社,2010.

［27］吴薜红,濮天伟,廖德利.防雷与接地技术[M].北京:化学工业出版社,2008.

［28］何金良,曾嵘,高延庆.电力系统接地技术研究进展[J].电力建设,2004,25(6):1-3,＋7.

［29］尚克粉.防雷与接地[J].电气时代,2010(6):104,＋106.

［30］张小青.建筑防雷与接地技术[M].北京:中国电力出版社,2003.

［31］任嘉卉.公差与配合手册[M].北京:机械工业出版社,2013.

［32］刘庚寅.公差测量基础与应用[M].北京:机械工业出版社,1996.

［33］陈宏杰.公差与测量技术基础[M].北京:科学技术文献出版社,1991.

［34］俞汉清,李晓沛,赵秉厚.公差与配合　过盈配合计算和选用指南[M].北京:中国标准出版社,1990.

[35] 机械工业部标准化研究所. 形状和位置公差原理及应用[M]. 北京:机械工业出版社,1983.

[36] 丘传忻. 泵站[M]. 北京:中国水利水电出版社,2004.

[37] 丘传忻. 泵站节能技术[M]. 北京:水利电力出版社,1985.

[38] 刘家春. 泵站管理技术[M]. 北京:化学工业出版社,2014.

[39] 日本农林水产省构造改善局. 泵站工程设计规范[M]. 黄林泉,丘传忻,刘光临,译. 北京:水利电力出版社,1990.

[40] 姜乃昌. 泵与泵站[M]. 5 版. 北京:中国建筑工业出版社,2007.

[41] 李亚峰,尹士君,蒋白懿. 水泵及泵站设计计算[M]. 北京:化学工业出版社,2007.

[42] 刘家春,杨鹏志,刘军号,等. 水泵运行原理与泵站管理[M]. 北京:中国水利水电出版社,2009.

[43] 陈汇龙,闻建龙,沙毅. 水泵原理、运行维护与泵站管理[M]. 北京:化学工业出版社,2004.

[44] 张德利. 泵站运行与管理[M]. 南京:河海大学出版社,2006.

[45] 刘竹溪,刘景植. 水泵及水泵站[M]. 4 版. 北京:中国水利水电出版社,2009.

[46] 赵振起. 机械制图手册[M]. 北京:国防工业出版社,1986.

[47] 梁德本,叶玉驹. 机械制图手册[M]. 3 版. 北京:机械工业出版社,2002.

[48] 国家技术监督局. 技术制图与机械制图[S]. 北京:中国标准出版社,1996.

[49] 王辑祥,王庆华,梁志坚. 电气接线原理及运行[M]. 2 版. 北京:中国电力出版社,2012.

[50] 王辑祥,梁志坚合. 电气接线原理及运行[M]. 北京:中国电力出版社,2005.

[51] 周佩德. 现代计算机基础[M]. 南京:东南大学出版社,1998.

[52] 孙军,曹芝兰. 大学计算机基础简明教程[M]. 北京:科学出版社,2009.

[53] 冯博琴,顾刚. 大学计算机基础:WindowsXP＋Office2003[M]. 北京:人民邮电出版社,2009.

[54] 叶丽珠,马焕坚. 大学计算机基础项目式教程:Windows7＋Office2010[M]. 北京:北京邮电大学出版社,2013.

[55] 朱家义,李莉,梁云娟. 计算机基础案例教程[M]. 北京:清华大学出版社,2011.

[56] 曹芝兰,卫春芳. 现代计算机基础应用与提高[M]. 北京:科学出版社,2002.

[57] 贾宗福. 新编大学计算机基础教程[M]. 北京:中国铁道出版社,2009.

[58] 沈军,朱敏,徐东梅,等. 大学计算机基础:基本概念及应用思维解析[M]. 北京:高等教育出版社,2006.

[59] 吴晓志,杨振. 实用计算机基础[M]. 北京:石油工业出版社,2014.

[60] 王会燃,薛纪文. 大学计算机基础教程[M]. 2 版. 北京:科学出版社,2010.

[61] 黄旭明. 计算机基础应用[M]. 北京:高等教育出版社,2003.

[62] 刁树民,郭吉平,李华. 大学计算机基础[M]. 4 版. 北京:清华大学出版社,2012.

[63] 天津市培训工作委员会办公室. 微型计算机基础应用教程[M]. 天津:南开大学出版社,1999.

[64] 黄强,金莹,张莉. 大学计算机基础应用教程[M]. 北京:清华大学出版社,2011.

[65] 云正富,于兰,陈俊红. 计算机基础应用[M]. 北京:科学出版社,2011.

[66] 王丹. 计算机基础教程[M]. 3 版. 北京:清华大学出版社,2016.

[67] 邢长明. 计算机基础[M]. 北京:经济科学出版社,2016.

[68] 龚沛曾,杨志强. 大学计算机基础[M]. 北京:高等教育出版社,2009.

[69] 顾沈明. 计算机基础[M]. 3 版. 北京:清华大学出版社,2014.

[70] 周祥. 中国国情与水利现代化构想[J]. 华夏地理,2015(4):167-168.

[71] 王忠静,王光谦,王建华,等. 基于水联网及智慧水利提高水资源效能[J]. 水利水电技术,2013(1):1-6.

[72] 邵东国,刘武艺. 我国水利信息化建设的难点与对策[J]. 水利水电科技进展,2005,25(1):67-70.

[73] 后向东."互联网+政务":内涵、形势与任务[J]. 中国行政管理,2016(6):6-10.

[74] 冯亮. 探索新时代"互联网+水务"产业发展新模型[J]. 商,2015(14):269.

[75] 张小娟,唐锚,刘梅,等. 北京市智慧水务建设构想[J]. 水利信息化,2014(1):64-68.

[76] 杨明祥,蒋云钟,田雨,等. 智慧水务建设需求探析[J]. 清华大学学报(自然科学版),2014,54(1):133-136.

[77] 樊世. 大中型水力发电机组的安全稳定运行分析[J]. 中国电机工程学报,2012,32(9):140-148.

[78] LAIRD, T. An economic strategy for turbine generator condition based maintenance[C]. Conference Record of the IEEE International Symposium on Electrical Insulation,2004.

[79] 唐培甲. 岩滩水电站水轮机振动问题的研究[J]. 红水河,2000,19(3):59-62.

[80] 张孝远. 融合支持向量机的水电机组混合智能故障诊断研究[D]. 武汉:华中科技大学,2012.

[81] SUSAN-RESIGA R,CIOCAN GD,ANTON I,et al. Analysis of the swirling flow downstream a Francis turbine runner[J]. Journal of Fluids Engineering,2006,128(1):177-189.

[82] RUPRECHT A,HEITELE M,HELMRICH T,et al. Numerical simulation of a complete Francis turbine including unsteady rotor/stator interactions[C]. Proceedings of the 20th IAHR Symposium on Hydraulic Machineiy and Systems,2000.

[83] XIAO R,WANG Z,LUO Y. Dynamic stresses in a Francis turbine runner based on fluid-structure interaction analysis[J]. Tsinghua Science & Technology,2008,13(5):587-592.

[84] 梁武科,张彦宁,罗兴锜. 水电机组故障诊断系统信号特征的提取[J]. 大电机技术,2003(4):53-56.

[85] 李平诗. 浅谈水电厂的状态检修[J]. 水力发电,2002(6):1-3.

[86] 李启章. 水轮发电机组的振动监测和故障诊断系统[J]. 贵州水力发电,2000(3):50-53.

[87] 胡滨. 从葛洲坝水电厂检修实践谈未来的状态检修[J]. 中国三峡建设,2000(7):44-46.

[88] 张雪源. 水电厂状态检修研究[J]. 东北电力技术,2004(11):11-15.

[89] 胡滨. 从葛洲坝水电厂检修实践谈未来的状态检修[D]. 武汉:华中科技大学,2001.

[90] 刘晓亭. 机组运行设备诊断维护高效管理模式实施研究[J]. 湖北电力,1999,23(1):20-24.

[91] 马振波,杨兴斌. 实施"无人值班"(少人值班)提高电厂管理水平[J]. 水力发电,1999(9):48-49.

[92] 王剑泽,隆元林. 水电厂的状态检修和故障诊断技术[J]. 四川电力技术,1999(3):1-4,+14.

[93] 沈磊. 中国水力水电工程(运行管理卷)[M]. 北京:中国电力出版社,2000.

[94] 吴今培,肖健华. 智能故障诊断与专家系统[M]. 北京:科学出版社,1997.

[95] 李炜. 基于神经网络与模糊专家系统故障诊断方法的研究与应用[C]. 第二十届中国控制会议,2001.

[96] 王德宽,李建辉、王桂平. 锐意创新,为水电自动化事业的发展而努力[J]. 水电站机电技术,2004,27(3):1-2.

[97] 陈森林. 水电站水库运行与调度[M]. 北京:中国电力出版社,2008.

[98] 黄小峰. 梯级水电站群联合优化调度及其自动化系统建设[D]. 北京:华北电力大学,2010.

[99] 胡强. 梯级水电站优化调度模型与算法研究[D]. 北京:华北电力大学,2007.

[100] 李钰心. 水资源系统运行调度[M]. 北京:中国水利水电出版社,1996.

[101] 李英海. 梯级水电站群联合优化调度及其决策方法[D]. 武汉:华中科技大学,2009.

[102] 李钰心,孙美斋. 水电站水库调度[M]. 北京:水利电力出版社,1984.

[103] 葛晓琳. 水火风发电系统多周期联合优化调度模型及方法[D]. 北京:华北电力大学,2013.

［104］张森.泵站优化调度系统的设计与实现［D］.西安：西安电子科技大学，2014.

［105］仇锦先.南水北调东线水源泵站优化运行理论及其应用研究［D］.武汉：武汉大学，2010.

［106］王以知.二泵站优化调度研究［D］.重庆：重庆大学，2015.

［107］索丽生，刘宁.水工设计手册：水工安全监测［M］.北京：中国水利水电出版社，2013.

［108］姜宇，王祖强，李玉起，等.混凝土重力坝扬压力监测资料分析方法［J］.人民珠江，2011（2）：47-50.